本书精彩实例

第2章 》》 包装的标签设计

P21～34

第3章 》》 食品包装设计

P35～58

第4章 》》 酒、饮料的包装设计

P59～88

第5章 》 药品、保健品包装设计

P89～116

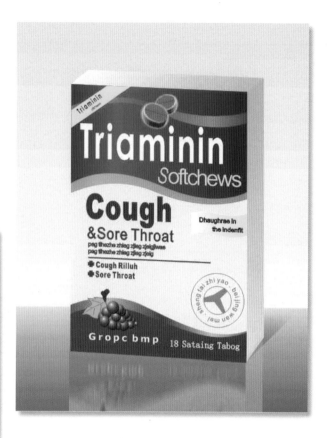

第6章 》 化妆品包装设计

P117～140

第7章 生活用品包装设计

P141～170

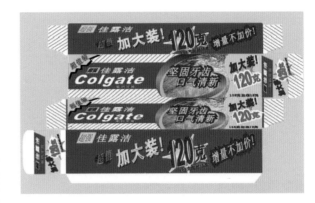

第8章 电子产品的包装设计

P171～192

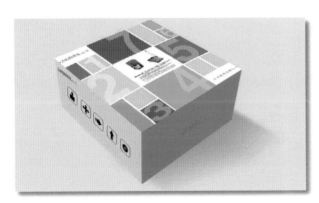

本书精彩实例

第9章 》》 服装、鞋帽的包装设计

P193～214

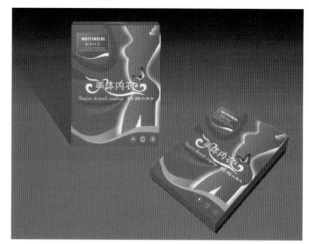

第10章 》》 文教视听产品的包装设计

P215～242

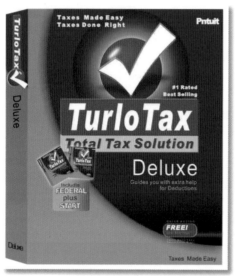

第11章 >> 儿童玩具的包装设计

P243～266

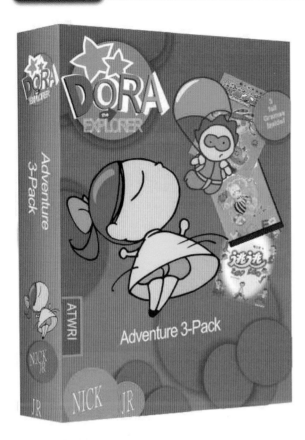

第12章 >> 书籍装帧设计

P267～302

第13章 》》 手提袋包装设计

P303～328

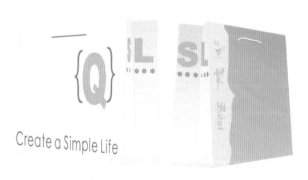

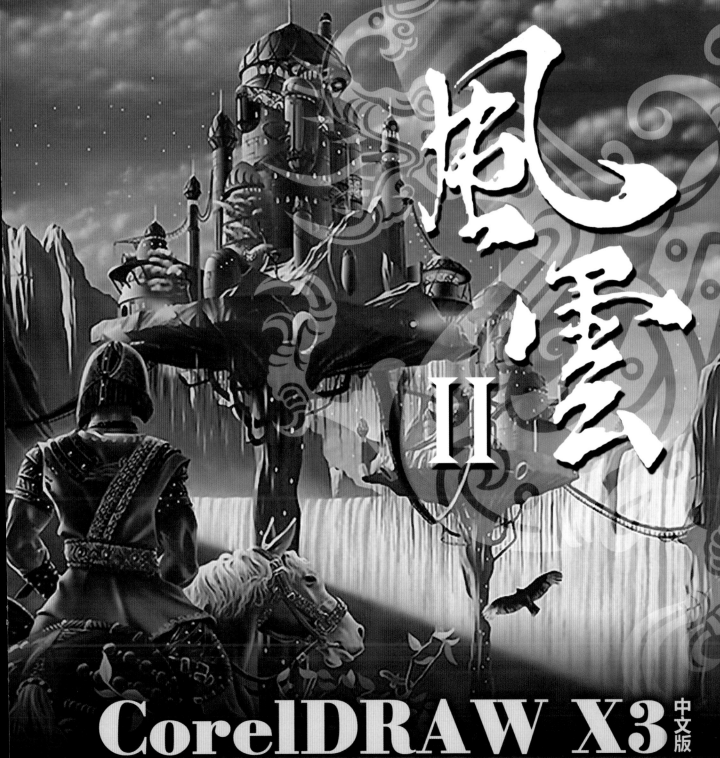

风云 II

CorelDRAW X3 中文版
包装创意设计

陈琳　　　　　　　编著
飞思数码产品研发中心　监制

电子工业出版社
Publishing House of Electronics Industry
北京·BEIJING

内容简介

　　包装设计不只是单纯的设计，它要以商品为考虑对象，分析它的材质、形状、保存及运输方式，从而完成包装平面设计、包装造型设计、包装结构设计、包装装潢设计等方面，是将平面设计应用于实际的全过程。CorelDRAW X3的面世将为平面设计师的创作空间提供完美的技术支持，设计师借助该软件即可轻松地进行包装设计。

　　本书共分为13章，主要内容是根据产品的特点，讲解利用CorelDRAW X3完成各类包装的方法，旨在帮助读者学会软件操作技能的同时，领悟让创意变为包装设计的方法；帮助读者在学习软件的过程中体会"以用户和产品为核心"的先进设计理念，把包装设计的原则与实际应用时的细节相结合，既避免空洞讲解形而上学的设计理念，又避免陷于技术至上的怪圈中，在操作技巧与设计理念中取得平衡。

　　本书中的案例创意独特，效果华美，技术含量与艺术水准都达到颇高的水准；吸收同类图书的长处及优点，避免不足，内容丰富充实。本书所配光盘包括书中案例素材与源文件、CorelDRAW常用功能电子书、部分实例视频讲解和知识点视频讲解文件，还附送大量设计应用类素材，增加书的附加值。

　　本书适合CorelDRAW设计爱好者、平面设计爱好者、平面设计工作者，以及大、中专院校学生。

图书在版编目（CIP）数据

CorelDRAW X3中文版包装创意设计／陈琳编著.—北京：电子工业出版社，2008.10

（风云 II）

ISBN 978-7-121-07320-5

I. C… II.陈… III.包装－计算机辅助设计－图形软件，CorelDRAW X3 IV.TB482-39

中国版本图书馆CIP数据核字（2008）第134624号

责任编辑：王树伟　田　蕾

印　　刷：中国电影出版社印刷厂

装　　订：三河市皇庄路通装订厂

出版发行：电子工业出版社

　　　　　北京海淀区万寿路173信箱　邮编：100036

开　　本：850×1168　1/16　印张：20.5　　字数：619.2千字　　彩插：8

印　　次：2008年10月第1次印刷

印　　数：5 000 册　　定价：69.80元（含光盘1张）

关于丛书

燃烧数字激情　感悟艺术魅力

电子工业出版社飞思数码产品研发中心，始终关注全球数码艺术设计的最新趋势，其产品线涵盖了创意设计产业在设计领域的主要方面，并注重满足普及型和专业型读者的不同需求，汇聚本领域的优秀人才及最尖端的技术，打造高水平的数码知识产品平台。

近几年来，创意设计产业在我国备受重视。在视觉为主、创意为王的今天，企业对设计人才的需求量直线上升，如招聘职业中，广告设计师、网页设计师、平面设计师等几乎是IT企业、制造企业、公关传媒等相关企业必招的岗位。企业大量需求，致使设计人才的竞争非常激烈，往往一个岗位会有几个人乃至数十人竞争。

一名优秀的创意产业设计师，总是在不断地创作、学习。他们在创作的过程中得到技术与思维的升华，再经过多年的磨练而彰显实力。我们见过许多设计人员，在操作一些设计软件，如Photoshop、Flash之后，都在很长一段时间内，仅停留在能够操作这样的程度上，想要再进一步提高就遇到了瓶颈，他们急需学习和补充知识。

风云Ⅱ，是一套帮助设计人员提升职业竞争力的系列丛书。

风云Ⅱ，是在已出版的风云系列丛书的基础上，全新推出的一套旨在超越老版本的精品图书。风云Ⅱ主要面向有志于创作设计高级作品的设计人员。其内容横向涵盖设计行业热门软件，纵向深入这些软件的主要应用领域。

风云Ⅱ聘请国内资深平面设计专家，其内容汇集了他们多年的工作经验精心编著而成。本书通过书盘互动多媒体教学方式，帮助读者轻松学会软件设计知识。风云Ⅱ不但在内容的组织与实用性上完全超越老版本，而且在各种针对读者使用的细节上，也有所增强。如增加了视频教学内容，新添了大量丰富、精彩的素材图库，在实例的数量与质量上都有所提升。本丛书在最令读者敏感的定价方面，也比老版本实惠了很多。

风云Ⅱ中绝大部分分册都配有教学视频，读者不但可以从书本上学习相应的知识，还可以利用配套光盘，通过直观的讲解来学习。这对读者而言，无疑增加了一种学习的方式，也提升了读者的学习兴趣。

在学习中不断进步，是每个人都希望达到的目标，我们希望"风云"系列丛书能够成为读者进步的助推器。下图为"风云"丛书的分册，具体书名请见封底所示。

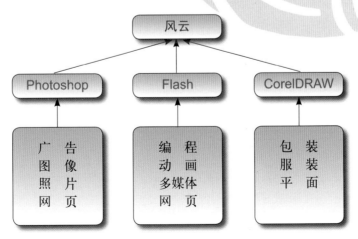

关于本书

在社会数字化的今天，艺术设计专业领域已经越来越多地应用相关的设计软件，电脑在艺术设计领域中扮演着非常重要的角色，在培养和提升艺术设计人才方面也发挥着重要的作用。CorelDRAW就是其中一个非常重要的矢量图形软件，它是加拿大Corel公司推出的最新矢量绘图版本。CorelDRAW界面设计友好，操作精微细致。它为设计者提供一整套的绘图工具（包括圆形、矩形、多边形、方格、螺旋线），并配合塑型工具，对各种基本图形做出更多的变化，如圆角矩形、弧、扇形、星形等。同时也提供特殊笔刷功能，将矢量图形的创作推向新一轮的高峰。CorelDRAW X3同样可以处理位图图像和文字，该软件在平面设计中被广泛应用，如平面广告设计、网页设计和标志设计等。无论在图形编辑、产品效果图、美术字的编辑与专业水平的广告，甚至插图与动画造型设计等领域都做得非常出色。CorelDRAW基于矢量图的程序是设计艺术家绘图的最好选择。

包装是与消费者接触最广泛、最频繁的视觉形象。商品包装设计在诱导消费、提高商品竞争力、建立品牌方面起着重要作用。包装是商品由生产转入市场流通的一个重要环节，包装的灵魂是包装设计，即包装成功与否的决定因素。包装设计包含设计领域中的平面构成、立体构成、文字构成、色彩构成及插图、摄影等，是一门综合性很强的设计专业学科。人们消费心理的差异性，决定了商品包装必须能吸引特定的消费群体产生预期的购买行为。因此，在对商品包装进行设计时，必须针对不同的消费者群体进行设计。包装设计只有把握消费者的心理，迎合消费者的喜好，满足消费者的需求，激发和引导消费者的情感，才能够在激烈的竞争中脱颖而出。

包装设计是产品信息传达和视觉审美传达相结合的设计。包装设计要考虑两个方面的问题：一是包装的外观设计，即用艺术的手法，将色彩、图形、文字等元素进行合理、有机的组成，贴切地传达出商品的信息及具备相应的美感；二是包装的结构设计，商品进入流通领域最终到达消费者手中，其中要保证经历运输、储存等环节后不受损伤，以及在消费者购买商品后便于开启，便于使用。包装设计主要体现为4个环节的综合处理，即图形设计、色彩设计、文字设计和编排设计。

本书希望告诉读者包装设计不仅是艺术创造物，也是市场营销活动品，设计师应从营销角度进行包装设计，必须要重新认识它：包装设计针对的受益群体是谁？包装设计到底是为了什么？包装设计是为产品的包装而设计的。但产品只是包装设计的客体，而不是主体。主体包括设计师、客户和最终消费者3个部分。作为设计师不应奉行为自己设计的准则，坚持自己的设计风格，追求唯美主义。这样会与客户发生分歧，更不应该责怪客户不懂艺术。因为，要从设计角度与营销角度去理解，艺术与市场是两个概念。优秀的包装，不仅在卖场会吸引顾客的注意力，还会将产品进一步提升，是任何知名企业所不敢忽视的市场策略。

本书具有如下特色：

● 国内资深平面教育专家汇集多年教学经验精心编著。

● 通过书盘互动多媒体教学方式，帮助读者轻松学会软件设计知识。

● 100分钟的部分实例视频讲解，60分钟的知识点视频讲解，帮助读者换一种方式轻松学习。

● 33个精彩的实例，200种常用技巧的电子书，使读者全方位剖析相关知识和操作要领。

● 700张丰富精彩的矢量素材图形。

本书将通过33个不同类别的包装设计实例，介绍使用CorelDRAW X3设计制作产品包装的方法与技巧。本书按照包装应用的不同类别进行章节的分类，向读者详细阐述不同应用类别的包装设计的相关知识，以及如何使用软件进行包装设计的创作工作。本书目的为：让设计艺术专业人员在包装设计中能更好地运用软件，掌握包装设计的关键技术，以达到熟练运用。本书的整体结构和章节的划分可以使读者从感性到理性、逐步地学习不同类别的包装设计，并且更好地理解和掌握包装设计的要领。

本书共有13章，分成12个领域进行包装设计的讲解。第1章介绍CorelDRAW X3软件和包装的概述，后面的章节则按照标签设计、食品包装、饮料包装、药品与保健品包装、化妆品、生活用品、电子产品、服装鞋帽、文教视听、儿童玩具、书籍装帧和手提袋包装等12个领域进行分门别类的讲解，具体到每个领域的包装的设计原则和注意事项，以及常见的该领域包装尺寸等，为读者提供关于包装与软件使用的最大便捷。

本书结构清晰、案例丰富、技术实用，具有指导性和可操作性强的特点，适合对包装设计感兴趣的初、中级电脑操作人员阅读，也可作为社会培训班教材或商业美术设计人员的自学教材。本书由资深设计人员精心编写，尊崇学以致用的原则，将职位工作要求与学习内容紧密结合，以使学习过程变得更加实用、有效。

由于编者水平有限，时间紧促，书中难免有不足之处，敬请读者批评指正。

编 著 者

飞思数码产品研发中心

 联系方式

咨询电话： （010）88254160 88254161-67

电子邮件：support@fecit.com.cn

服务网址：http://www.fecit.com.cn   http://www.fecit.net

通用网址：计算机图书、飞思、飞思教育、飞思科技、FECIT

DVD-ROM

随书光盘内容主要为多媒体讲解和作者收集的大量素材库，以及本书实例源文件和操作技巧电子书。

- 书中全部案例源文件及素材图
- 100分钟的操作实例视频讲解，60分钟的知识点视频讲解，帮助读者换一种方式轻松学习
- 33个丰富精彩的实例，使读者全方位剖析相关知识和操作要领
- 700张矢量素材图形，帮助读者轻松搞定设计工作中的图形元素

视频 ≫

Video

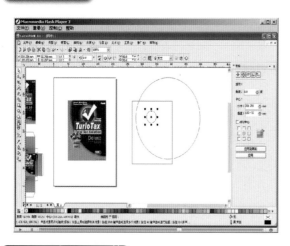

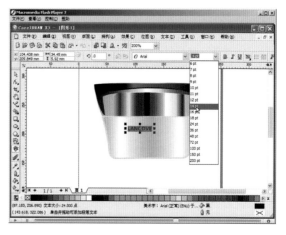

源文件及实例效果 ≫

Results of source files and examples

素材 ≫

Materials

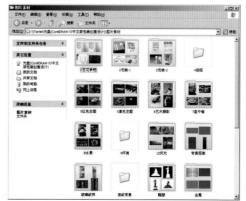

Contents

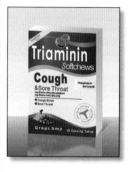

风云 II

FENG YUN

第1章

CorelDRAW X3简介及包装设计概论

1.1 认识CorelDRAW X3

CorelDRAW X3 是加拿大Corel软件公司的产品。它是一个绘图与排版的软件，广泛应用于商标设计、标志制作、模型绘制、插图描画、排版及分色输出等诸多领域。CorelDraw界面设计友好，操作精微细致。它为设计者提供了一整套的绘图工具（包括圆形、矩形、多边形、方格、螺旋线），并配合塑型工具，对各种基本图形做出更多的变化，如圆角矩形、弧、扇形、星形等。同时也提供了特殊笔刷的功能，将矢量图形的创作推向新一轮的高峰。CorelDRAW X3同样可以处理位图图像和文字，该软件在平面设计中被广泛应用，如平面广告设计、网页设计和标志设计等。（CorelDRAW X3开启界面如图1-1和图1-2所示）

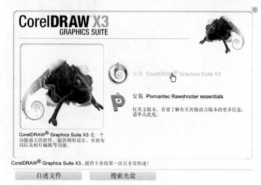

图1-1

图1-2

绘制与处理矢量图：CorelDRAW X3能够十分便捷地利用图形工具巧妙地绘制出各种图形，针对这些图形可以对其进行各种排列组合、镜像操作、布尔操作等。利用CorelDRAW X3矢量图特效的处理，能够使设计师将理想和绘制技巧融合。

文字处理：在CorelDRAW X3中有两种方法输入文字，一种是输入美术字文本，一种是输入段落文本。因此，CorelDRAW X3不仅可以针对个别的文字进行处理，也可以对整段的文字段落进行布局、变形、添加艺术的各种编辑，针对文字，CorelDRAW X3同样还可以对文字进行透视效果的编辑和绕路径等效果的操作。因此CorelDRAW X3也是一个专业的编排软件，其出众的文字处理、写作工具和创新的编排方法，解决了一般编排软件中的一些难题。

位图处理：CorelDRAW处理位图的功能虽然不能和Photoshop相媲美，但它同样可以直接处理位图，值得一提的是，CorelDRAW X3可以把矢量图转换为位图或把位图转换为矢量图。配合CorelDRAW X3提供的大量滤镜种类，可以把位图处理成各种效果，方便了设计师的制作。

网络功能：CorelDRAW同样具有网络功能，可以将段落文本转化成网络文本，可以在文档中插入因特网对象，创建超级链接等。

新版本的CorelDRAW X3拥有超过40个新属性和增强的特性。绘图界面如图1-3所示。

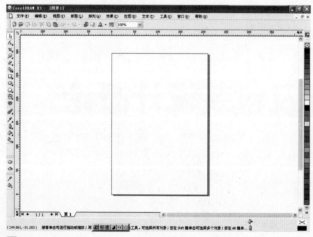

图1-3

1.1.1　CorelDRAW X3的操作界面

CorelDRAW X3的操作界面如图1-4所示。

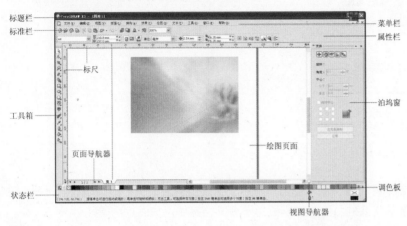

图1-4

1.　标题栏

标题栏位于CorelDRAW操作界面的顶端，其显示的是当前运行程序的名称和打开文件的名称。

2.　菜单栏

在默认情况下，菜单栏位于标题栏的下面。通过执行菜单栏中的命令选项可以完成大部分操作，如图1-5所示。

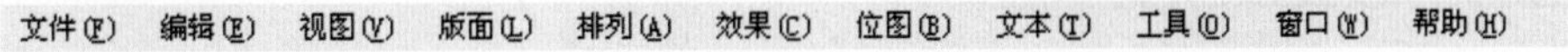

图1-5

3.　标准工具栏

在默认情况下，标准工具栏位于菜单栏的下面。标准工具栏是将菜单中的一些常用命令选项按钮化，以方便用户快捷操作。

4.　属性栏

在默认情况下，属性栏位于标准工具栏的下面。属性栏是根据用户当前选择的工具和操作状态而显示不同的相关属性，用户可以方便地设置工具或对象的各项属性，如图1-6所示。

图1-6

5.　工具箱

在默认情况下，工具箱位于操作界面的最左边。工具箱可以根据用户的习惯进行随意拖动。在工具箱中有经常使用的绘图及编辑工具，并将功能近似的工具以展开的方式归类组合在一起，如果要选择某个工具，用鼠标直接单击，图标显示为反显状态即表示选中了此工具；如果要选择工具组中的工具，用鼠标单击工具图标右下角的黑色三角，从弹出的工具组中单击某个工具即可，如图1-7所示。

6.　标尺

在默认情况下，标尺显示在操作界面的左侧和上部，标尺可以帮助用户确定图形的大小和设定精确的位置。选择【查看】→【标尺】命令可显示或隐藏标尺，如图1-8所示。

图1-7

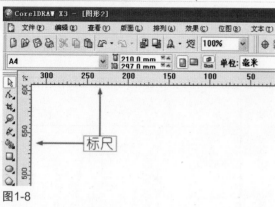

图1-8

7. 页面导航器

页面导航器处于操作界面的最左下方。在页面导航器中显示了文件当前活动页面的页码和总页码，并且通过单击页面标签或箭头还可以选择需要的页面，特别适用于多文档操作，如图1-9所示。

图1-9

8. 状态栏

状态栏位于操作界面的最底部，显示了当前工作状态的相关信息，如被选中对象的简要属性、工具使用状态提示及鼠标坐标位置等信息，如图1-10所示。

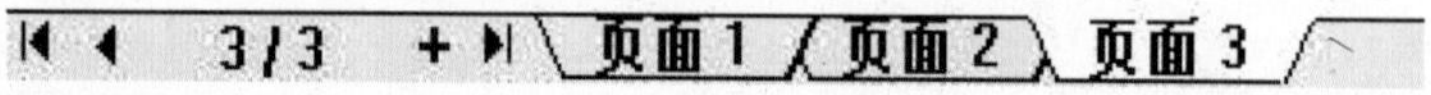

| ◄◄ ◄ 3/3 + ► | 页面1 | 页面2 | 页面3 |

图1-10

9. 视图导航器

视图导航器位于垂直和水平滑动条的交点处。主要用于视图导航，按住这个导航器图标不放可启动该功能，可以在弹出的含有你的文档的迷你窗口中随意移动，定位你想调整的区域，如图1-11所示。

图1-11

10. 调色板

在默认情况下，调色板位于操作界面的最右侧。利用调色板可以快速地为图形和文本对象选择轮廓色和填充色。用户也可以将调色板浮动在其他位置，并且通过选择【窗口】→【调色板】下的子菜单还可以显示其他调色板或隐藏调色板，如图1-12所示。

图1-12

11. 泊坞窗

在默认情况下，泊坞窗位于操作界面的右侧。泊坞窗的作用就是方便用户查看或修改参数选项。在操作界面中可以把泊坞窗浮动在其他任意位置，如果想显示其他泊坞窗，可通过选择【窗口】→【泊坞窗】下的子菜单命令来进行。

12. 绘图页面

在默认情况下，绘图页面位于操作界面的正中间。这是进行绘图操作的主要工作区域，只有在绘图页面上的图形才能被打印出来，如图1-13和图1-14所示。

图1-13

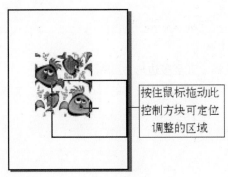

图1-14

1.1.2 包装设计中常用的工具

1. 矩形展开工具栏

打开"矩形展开工具栏" ，然后单击"矩形工具" 。在绘图窗口也就是白色的画布中拖放鼠标，直至矩形达到所需要的大小。按住【Ctrl】键，并在绘图窗口中拖放鼠标，即可绘制方形。

2. 椭圆展开工具栏

打开"椭圆展开工具栏" ，然后单击"椭圆工具" ，在绘图窗口中拖放鼠标，直至椭圆达到所需要的形状。若按住【Ctrl】键则可绘制正圆。

3. 对象展开工具栏

打开"对象展开工具栏" ，其中包括如下工具。

（1）"多边形工具"

选择"多边形工具" ，然后在绘图窗口中拖放鼠标，直至多边形达到所需要的大小，如图1-15、图1-16和图1-17所示。

图1-15

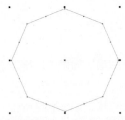

图1-16

图1-17

在界面上方属性栏的位置可调节各个属性，分别调节的是角度、镜像复制、多边形的边数、文本围绕图形方式、图形边的宽度设置及图形顺序和路径转换为图形的快捷键，如图1-18所示。

图1-18

（2）"星形工具"

在绘图窗口中拖放鼠标，直至多边形达到所需要的大小，然后单击属性栏上的星形按钮。通过调节星形的角的个数和边的长度即可随意调节星形的形态 ，如图1-19、图1-20和图1-21所示。

图1-19　　　　　　　　　　　图1-20　　　　　　　　　　图1-21

（3）"复杂星形工具" ⚙

在绘图窗口中拖放鼠标，直至多边形达到所需要的大小，然后单击属性栏上的星形按钮。通过调节星形的角的个数和边的长度可以随意调节星形的形态☆⁹ ▲⁷¹，如图1-22、图1-23和图1-24所示。

图1-22　　　　　　　　　　图1-23　　　　　　　　　　图1-24

（4）"螺纹工具" ◎

可以绘制两种螺纹，包括对称形式的和对数形式的。对称形式的螺纹均匀扩展，因此每个回圈之间的距离相等，对数形式的螺纹扩展时，回圈之间的距离是不断增大的，可以通过设置对数形式螺纹向外扩展的比率来调节，如图1-25和图1-26所示。

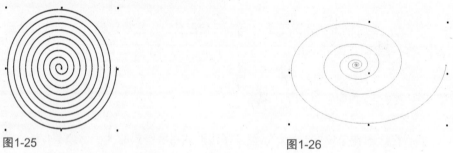

图1-25　　　　　　　　　　　　　　　图1-26

4．完美形状展开工具栏

打开"完美形状展开工具栏" 🔲🔳🔲🔲🔲🔲，包括的工具如下。

（1）"基本形状" 🔲

打开"完美形状挑选器"，单击所需要选择的形状，如图1-27所示。

（2）"箭头形状" 🔲

打开"完美形状挑选器"，单击所需要选择的形状，如图1-28所示。

图1-27　　　　　　　　　　　　　图1-28

（3）"流程图形状" 🔲

打开"完美形状挑选器"，单击所需要选择的形状，如图1-29所示。

（4）"标题形状"![icon]

打开"完美形状挑选器"，单击所需要选择的形状，如图1-30所示。

（5）"标注形状"![icon]

打开"完美形状挑选器"，单击所需要选择的形状，如图1-31所示。

图1-29

图1-30

图1-31

5. 曲线展开工具栏

打开"曲线展开工具栏"![icon]，其中重要的工具介绍如下。

（1）手绘工具![icon]

在工具箱中选择"手绘工具"![icon]，使其成为当前工具，将光标移到页面内任意一点单击，定位一个起始点，按着鼠标不放并拖动，拖动一段距离后释放鼠标，在光标经过的轨迹上会出现一段曲线，如图1-32和图1-33所示。

图1-32

图1-33

（2）贝济埃工具![icon]

在CorelDRAW X3基本图形工具中有专门绘制多边形的工具，如"多边形工具"。这个工具便于绘制比较规则的多边形，但是它绘制不规则的多边形就比较复杂，"贝济埃工具"可以弥补这个不足，读者只需绘制多条首尾相连的线段就能够得到各种不规则形状的多边形。使用方法如下：

1）在工具箱中选中"贝济埃工具"，使其成为当前工具。

2）将光标移到页面内一点A上，按下鼠标不放，向任意方向拖动一段距离后释放鼠标，此时出现的不只是一个节点，在节点两侧还各有一个控制柄。

3）移动光标到点B上，按下鼠标不放，拖动一段距离后释放鼠标，此时出现的不只是另一个带控制柄的节点，而且在点A与B之间还出现一条曲线AB，如图1-34所示。

4）这时如果要结束曲线AB，则选中其他工具；如果要延长曲线，则在另外一点C上再次拖动鼠标不放，而且拖动一段距离后释放鼠标，从而绘出曲线AC；依此类推，可以无限延长曲线。

5）如果要曲线封闭，则回到起始点上单击。

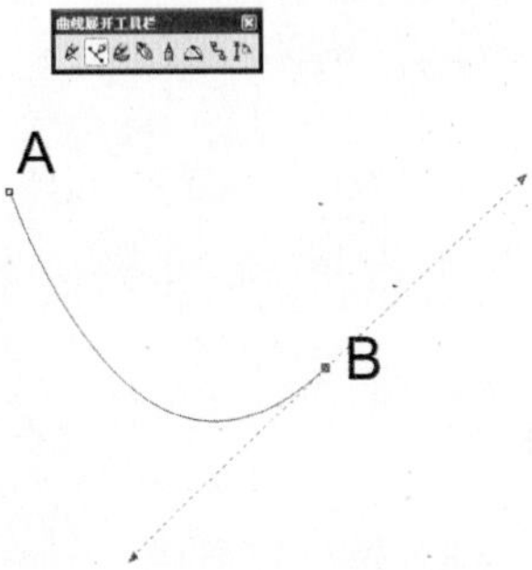

6. 形状编辑工具栏

打开"形状编辑工具栏"![icon]，重点介绍形状工具![icon]。

CorelDRAW X3允许通过处理对象节点和线段来为对象造形。对象节点为沿着对象轮廓显示的微小方块。两个节点之间的直线叫做线段。移动对象线段可粗略调整对象形状，而改变节点位置则可精细调整对象形状。

调节工具的属性栏如图1-35所示。

图1-35

如果要自定义对象形状，建议将对象转换为曲线对象。通过将对象转换为曲线可使用添加、移除、定位、对齐及变换其节点来为对象造形。在处理对象节点之前，必须先选定它们。处理曲线对象时，可以选择单个、多个或所有对象节点。选择多个节点时，可同时为对象的不同部分造形。添加节点时，将增加线段的数量，所以增加了对象形状的控制量。还可以移除节点，以便简化对象形状，如图1-36所示。

图1-36

7. 剪裁工具栏

打开"剪裁工具栏"，重要工具的使用介绍如下：

（1）"刻刀工具"

"刻刀工具"是一个非常有用的工具，使用它可以在曲线内部任意两点间完成如下的操作：

● 可以将一条曲线切割成若干段曲线。

● 可以将曲线内部任意两点间的线段由弯变直。

● 可以将曲线内部任意两点间的曲线变直，并且分割出一条闭合的曲线，可以在闭合曲线的任意一点将曲线切割成开放曲线。

可以在闭合曲线的任意两点将曲线切割成两个独立的闭合曲线，如图1-37和图1-38所示。

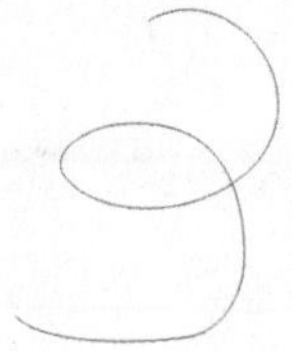

图1-37

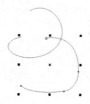

图1-38

（2）"橡皮擦工具"

"橡皮擦工具"的主要功能是通过擦除曲线中的几部分，将其分割成数段曲线。使用"橡皮擦工具"擦除曲线有3种不同的结果。由于曲线的不同，擦除的结果也不同，如图1-39和图1-40所示。

图1-39

图1-40

8. 填充工具栏

打开"填充工具栏"，具体介绍如下。

填充是在一些封闭形状的对象的内部区域输入均匀颜色、位图、渐变颜色或图案。在CorelDRAW X3中，填充可应用于任何已绘制的对象上。在通常的情况下，只有那些具有封闭路径的对象，如矩形、椭圆、多边形、星形及网格等才能被填充．而一些开放路径的对象，如直线、曲线、螺旋形等，由于它们不具备封闭的区域，系统无法识别该对象的填充边缘，所以无法填充。但在一些特殊的情况下，如将一个开放的曲线与一个封闭的对象合成一个组合体后，对组合体进行填充，则开放曲线的两个端点间相当于连了一条直线，这个区域内也被应用了填充。

（1）均匀填充对象

使用"填充颜色"对话框填充对象的步骤：

1）在CorelDRAW X3中绘制可进行填充的对象；

2）使用"选取工具"选定对象，如图1-41所示；

3）打开"填充工具"展开式按钮，然后单击"填充颜色"对话框按钮，打开"均匀填充"对话框，如图1-41所示。

（2）渐变填充

渐变填充能够在同一图形对象上使用两种或多种颜色之间的渐变，从而创建一种特殊的填充效果。CorelDRAW X3根据颜色渐变的方式，将渐变填充分为线性渐变填充、辐射渐变镇充、锥形渐变填充和方形渐变填充等。渐变式填充可以应用于闭合路径的对象，也可以应用于美术文本等。

渐变式填充能够利用对象的颜色属性为对象创建奇妙的外观。CorelDRAW X3中的渐变式填充有两种类型：双色渐变式填充，将一种颜色直接与另一种颜色调和，进而产生渐变效果；自定义渐变式填充，允许创建多种颜色的层叠或者通过改变填充的方向，添加中间色、改变填充角度来定义渐变式填充。

双色渐变填充如图1-42所示。

图1-41

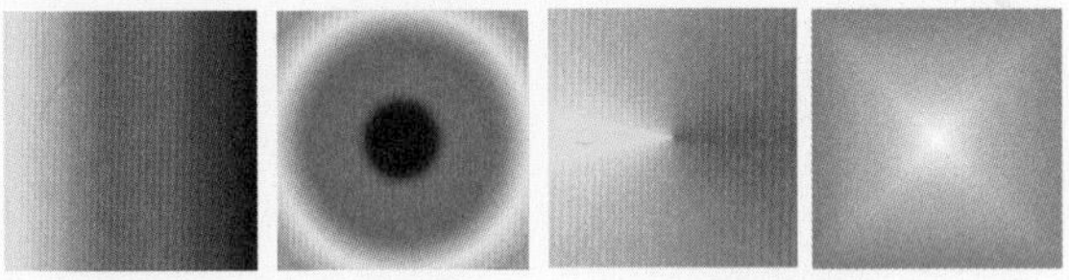

图1-42

自定义渐变填充如图1-43和图1-44所示。

自定义渐变式填充是CorelDRAW X3渐变填充中的第2种填充方式。与双色渐变式填充不同的是，自定义渐变式填充能够在起始颜色和终止颜色之间添加许多种过渡颜色，使相邻的每两种颜色之间都是相互渐变的。

图1-43

图1-44

9．轮廓工具栏

打开"轮廓工具栏"。

在CorelDRAW X3中提供了较多的工具设置和处理所创建对象的轮廓，包括轮廓展开工具栏、轮廓笔对话框、轮廓色对话框、对象的泊坞窗及属性栏，如图1-45和图1-46所示。

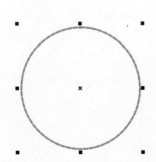

图1-45

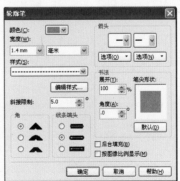

图1-46

10. 交互式填充工具组

（1）"交互式填充工具"

为了更加灵活方便地进行填充，使用该工具及其属性栏，可以完成在对象中添加各种类型的填充。

在工具箱中单击"交互式填充工具"按钮，即可在绘图页面的上方看到其属性栏，如图1-47所示。

图1-47

（2）"交互式网状填充工具"

如果需要创建复杂多变的网状填充效果，可以使用交互式网状填充工具，而且还可以将每一个网点填充上不同的颜色，还定义颜色的扭曲方向。

1）选定需要网状填充的对象。

2）单击"交互式网状填充工具"。

3）在"交互式网状填充工具属性栏"中设置网格数目。

4）单击需要填充的节点，然后在调色板中选定需要填充的颜色，即可为该节点填充颜色。

5）拖动选中的节点，即可扭曲颜色的填充方向，如图1-48和图1-49所示。

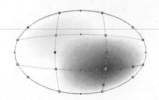

图1-48

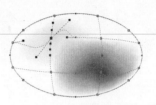

图1-49

11. 交互式调和工具栏

打开"交互式调和工具栏"，重要的工具介绍如下。

（1）"交互式调和工具"

这是矢量图中的一个非常重要的功能，使用调和功能，可以在矢量图形对象之间产生形状、颜色、轮廓及尺寸上的平滑变化。

"交互式调和工具"属性栏如图1-50所示。

图1-50

（2）"交互式轮廓图工具"

"轮廓图"效果是指由一系列对称的同心轮廓线圈组合在一起所形成的具有深度感的效果。

轮廓效果与调和效果相似，也是通过过渡对象来创建轮廓渐变的效果，但轮廓效果只能作用于单个的对象，而不能应用于两个或多个对象，如图1-51、图1-52和图1-53所示。

图1-51

图1-52

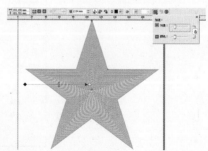

图1-53

（3）"交互式阴影工具"

阴影效果是指为对象添加下拉阴影，增加景深感，从而使对象具有一个逼真的外观效果。制作好的阴影效果与选定对象是动态链接在一起的，如果改变对象的外观，阴影也会随之变化。使用交互式阴影工具，可以快速地为对象添加下拉阴影效果，如图1-54所示。

图1-54

在属性栏中的"预设"下拉列表中可选择阴影效果的方向，如图1-55所示。

对于各种图形，"交互式阴影工具" 都能迅速地制造出阴影的效果，但是线的图形无法创造出阴影效果，如图1-56和图1-57所示。

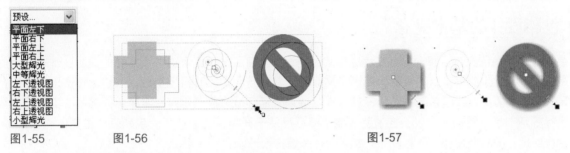

图1-55　　　　图1-56　　　　　　　　　　　　图1-57

（4）"交互式透明工具"

透明效果是通过改变对象填充颜色的透明程度来创建独特的视觉效果。使用交互式透明工具可以方便地为对象添加"标准"、"渐变"、"图案"及"材质"等透明效果，如图1-58、图1-59和图1-60所示。

图1-58

图1-59　　　　　　　　　　　　　　　　　　图1-60

"交互式透明工具" 同样可以使用各种方式来调整透明的部分，这些与填充渐变颜色类似，如图1-61和图1-62所示。

图1-61　　　　　　　　　　　　　　　　　图1-62

12. "文本"工具

添加段落文本——单击"文本"工具 ，在绘图窗口中拖动鼠标来调整段落文本框的大小，然后键入文本。

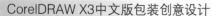
在对象内添加段落文本——单击"文本"工具，将指针移到对象的轮廓上，当指针变为"在对象中插入"指针时，单击对象，在文本框内键入文本。

选择整个文本对象——使用"挑选"工具，单击文本对象，如图1-63所示。

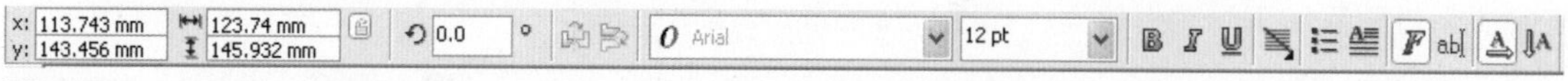

| x: 113.743 mm | ↔ 123.74 mm | | ↺ 0.0 ° | | O Arial | | 12 pt | | **B** *I* U | | F ab A !A |
| y: 143.456 mm | ↕ 145.932 mm | | | | | | | | | | | |

图1-63

1.2 包装设计概论

1.2.1 包装设计的基本概念

包装设计是产品信息传达和视觉审美传达相结合的设计。包装设计要考虑两个方面的问题：一是包装的外观设计，即用艺术的手法，将色彩、图形、文字等元素进行合理、有机地组成，贴切地传达出商品的信息及具备相应的美感。二是包装的结构设计，商品进入流通领域最终到达消费者手中，其中要保证经历运输、储存等环节后不受损伤，以及在消费者购买商品后便于开启，便于使用。包装设计主要体现为4个环节的综合处理，即图形设计、色彩设计、文字设计和编排设计。

1.2.2 包装的分类

包装的分类方法很多。普遍情况下包装分为两大类：即运输包装和销售包装。

若按照专业分类则有以下几种方法：

（1）以包装容器形状分类：可分为箱、桶、袋、包、筐、捆、坛、罐、缸、瓶等。

（2）以包装材料分类：可分为木制品、纸制品、金属制品、玻璃、陶瓷制品和塑料制品包装等。

（3）以包装货物种类分类：可分为食品、医药、轻工产品、针棉织品、家用电器、机电产品和果菜类包装等。

（4）以安全为目的分类：可分为一般货物包装和危险货物包装等，如图1-64、图1-65和图1-66所示。

图1-64

图1-65

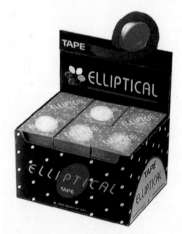

图1-66

1.2.3 包装设计的定位

从某种意义上看，商品的形象也代表了企业的形象，在竞争激烈的商品市场中，一个企业及它的产品要想取胜，就需要让商品的包装将商品的信息准确地传达给消费者，在众多同类或别类的商品中，给消费者一种与众不同的印象，要做到这一点，就要求设计师把握市场，对包装进行设计定位。

1. 品牌定位

品牌即是商标定位，它告诉消费者商品的第一信息，品牌定位主要用于知名度比较高的企业的产品包装设计，如图1-67和图1-68所示。

图1-67

图1-68

2. 产品定位

产品定位在包装设计上应该重点突出商品形象，明确地告诉消费者这是什么产品，使消费者通过包装上的图形、色彩、文字等就能了解到产品的属性、特点、用途、用法及档次等。

3. 消费者定位

消费者定位，主要考虑的是产品是卖给谁的问题。通过包装设计让消费者感受到产品是为谁产生的，使用于哪些年龄段、哪些群体，是针对性级强的销售战略，如图1-69和图1-70所示。

图1-69

图1-70

1.2.4 包装设计的三大要素

包装的主要展示面上主要的要素有：图形、色彩、文字，所以将其称之为包装设计的三大要素。

1. 图形

图形作为视觉传达的语言，在包装设计中应准确地表达商品信息，并具备见解明快、易识别、易记忆等属性。

图形的形式可以分为具象、抽象与装饰3种类型。

抽象图形以纯粹的点、线、面、肌理效果等构成手法设计的图形；或用理性的归纳方法，将商品形象进行提炼概括，构成抽象的形态。抽象图形简洁明快，富于秩序感和现代感，极具视觉冲击力，这种表现手法常用于五金、电子、洗涤液等的包装设计，如图1-71和图1-72所示。

图1-71

图1-72

2. 色彩

现代产品包装的色彩设计相对于纯绘画色彩既有相同之处又有它的侧重点，那就是包装设计的色彩更多地强调色彩的概括性、单纯性和装饰性，这是由传达商品信息、制版、印刷等因素决定的。

（1）色调

色调是指画面中的色彩倾向性。它是由画面中若干块占据主要面积的色彩所决定的。

（2）明度、纯度

色彩的明度和纯度可以给人以心理的暗示和产生联想，善于把握色彩明度和纯度的关系将关系到包装设计的成败。

（3）色彩的对比

色彩对比是包装设计的常用手法，目的在于突出商品形象或品牌文字、商标及商品特性等，如图1-73和图1-74所示。

图1-73

图1-74

3. 文字

现代商业包装设计中字体的设计应用范围十分广泛，文字是传达商品信息必不可少的一个重要成分，也是体现设计风格的一个重要部分，包装的文字通常与图形和色彩融为一体。

包装上的文字主要包括：基本文字、资料文字和说明文字，如图1-75和图1-76所示。

图1-75

图1-76

1.2.5　包装的特别说明

1.　食品包装

首先，对食品包装设计者来说最重要的——就是选择最适合消费者的色彩，并设计出推动消费的色彩。色彩对人的味觉有极强的诱导作用，色彩会引起人们心理、生理等多方面的反映，色彩同语言一样有传达信息的能力。

其次，食品包装形态上的设计。形状有多种多样的，形与色同样能引起人们的心理反映。作为设计者应重视食品包装内外形的关系，充分考虑食品自身的特点。设计——要做到：既美观大方，又方便、卫生、安全、环保，让消费者在品尝食品前先欣赏食品的包装，就像欣赏艺术品一样被吸引、被感动，从而产生强烈的购买欲望和品尝欲望。

第三，文字的重要性。文字在食品包装中多用于食品的名称，而文字是传达信息的基本元素。食品包装设计者应了解文字的特点，设计出有时代气息、受消费者欢迎的包装设计。

各种食品包装设计见图1-77、图1-78。

图1-77

图1-78

2.　美容化妆品时尚包装

化妆品作为一种时尚消费品，它需要优质的包装材料，以提升其身价。目前，几乎各种材质在化妆品包装上均有使用，而玻璃、塑料、金属3种材料是当前主要使用的化妆品包装容器材料，纸盒则常用做化妆品的外包装。不断研制新材料和新的加工技术、追求新的造型一直是业内人士对化妆品包装容器的开发重点，从而达到突出商品的新颖性与高雅的目的。随着包装技术和数字化的逐渐应用，化妆品的包装需要兼具保护性、功能性和装饰性，三位一体才是未来化妆品包装的发展方向。

图1-79、图1-80和图1-81所示的为各种化妆品的包装设计。

图1-79

图1-80

图1-81

3.　书籍版式设计的基本常识

现在常用的一些版式规格：

1）诗集：通常用比较狭长的小开本。

2）理论书籍：大32开比较常用。

3）儿童读物：接近方形的开度。

4）小字典：42开以下的尺寸，106/173mm。

5）科技技术书：需要较大较宽的开本。

6）画册：接近于正方形的比较多。

图1-82

图1-83

版面设计的要求：

1）字体是否适应书籍的内容和风格。

2）版面的字安排是否一目了然、合适和符合目的。

3）文字与图片的关系、注释和脚注等是否便于查找。

4）书籍的开本、版心和图片尺寸是否协调；设计风格是否贯穿全书始终，包括扉页和附录；版面是否易读，是否和书籍内容相适应。

图1-84

图1-85

美术设计的要求：

1）护封设计和封面设计是否组合在整体方案之中。

2）封面选用的材料是否合理。

3）封面设计是否适应书籍装订的工艺要求。

4）图片是否组合在基本方案之中，是否符合书籍的要求。

5）技术：版面是否均衡。

6）版面：目录索引、表格和公式的版面质量是否与立体部分相称，字距是否与字的大小和字的风格相适应。

7）拼版：拼版是否连贯和前后一致；标题、章节、段、图片等的间隔是否统一；是否避免了恶劣的标点在页面第一行第一个字位置出现的情况。

图1-86

图1-87

4. 手提袋的包装设计

　　手提袋是商品包装的一个重要组成部分。它与原包装及商品构成新的整体关系，继续服务于消费者。包装袋的种类繁多，从应用功能分类有：产品包装袋、礼品包装袋、商品购物袋、广告包装袋等；按包装袋的造型结构区分为：信封袋、尖低袋、枕形袋、平底袋、背心袋、拉锁袋、手提袋、扣结袋、异型袋；以材质来分包括：塑料袋、布袋、纸质袋、锦袋、复合材料袋等。

图1-88

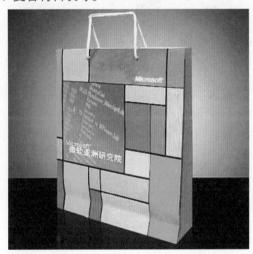

图1-89

　　视觉设计的基本三元素是图形、文字、色彩，图形和文字信息的表达可借助编排方式、大小区分、颜色对比等手法加以实现，品牌色彩的认同感是靠对一种色彩的长期使用而获得的，设计师必须尊重品牌的视觉资产，从已形成的品牌色彩谱系中谨慎地创新设计。

　　时尚表达设计：

　　市场是不断变化的，设计者要把握时尚信息的传递，有敏锐的洞察力，才能与不断变化的市场同步。

图1-90

图1-91

5. 概括国际流行包装的要求

1）名称易记：包装上的产品名称要易记、易懂。

2）外观醒目：要让消费者只看外表就能对产品的特征了如指掌。

3）印刷简明：包装要吸引人，让顾客留意到高档豪华的商品，包装印刷应与商品本身的档次相适应。

4）体现信誉：包装要充分体现产品的信誉，使消费者透过包装增加对产品的信赖。

5）颜色悦目：包装颜色要符合相关国家的审美习惯。

6）有地区标志：包装上最好有产品产地标志或图案，使人容易识别。

7）有环保意识：现在国际上普遍重视环境保护，对包装材料有许多新规定。

8）标新立异：国际上流行的商品包装，总是力求新颖、奇特、富有现代意识。

9）对于庄重商品的包装采彩，宜采用红、蓝、白3种颜色。

10）各种食品的包装色彩，要选用固定的代表色。

图1-92

图1-93

1.2.6 印刷的基本常识

1. 印刷过程

印前指印刷前期的工作，一般指摄影、设计、制作、排版、出片等；印中指印刷中期的工作，通过印刷机印刷出成品的过程；印后指印刷后期的工作，一般指印刷品的后加工，包括裁切、覆膜、模切、糊袋、装裱等，多用于宣传类和包装类印刷品。

2. 印刷要素

纸张：纸张分类很多，一般分为涂布纸、非涂布纸。涂布纸一般指铜版纸和哑粉纸，多用于彩色印刷；非涂布纸一般指胶版纸、新闻纸，多用于信纸、信封和报纸的印刷。

颜色：一般印刷品是由黄、品红、青、黑四色压印，另外还有印刷专色。

3. 印刷品分类

（1）以终极产品分类

办公类：指信纸、信封、办公表格等与办公有关的印刷品。

宣传类：指海报、宣传单页、产品手册等一系列与企业宣传或产品宣传有关的印刷品。

生产类：指包装盒、不干胶标签等大批量的与生产产品直接有关的印刷品。

（2）以印刷机分类

胶版印刷：指用平版印刷，多用于四色纸张印刷。

凹版印刷：指用凹版（一般指钢版）印刷，多用于塑料印刷。

柔性版印刷：指用柔性材料版（一般指树脂版等），多用于不干胶印刷。

丝网印刷：可以在各种材料上印刷，多用于礼品印刷等。

（3）以材料分类

纸张印刷：最常用的印刷。

塑料印刷：多用于包装袋的印刷。

特种材料：印刷指玻璃、金属、木材等的印刷。

4．行业术语

P数：指16开纸张一面。

菲林片（Film）：是通过照排机转移印刷品电子文件的透明胶片，用于印刷晒版。

克数：衡量纸张厚度的重要指标。

打样（Proofing）：制作印刷样稿的过程。

出片：用电子文件输出菲林片的过程。

胶版印刷（Offset）：平版印刷，所用印刷版材是平滑的。

胶版纸：印刷纸质的一种，纸张表面没有涂布层，多用于信纸、信封等。

光铜（Art paper）：印刷纸质的一种，表面有涂布层，并且有光泽，多用于彩色宣传品印刷。

无光铜：印刷纸质的一种，表面涂布层经过亚光处理，多用于彩色宣传品印刷。

令（Ream）：衡量纸张数量的单位（1令纸等于500张全开纸）。

对开：指将全开纸从中裁一刀为对开。

MO：印刷前期用来存储电子文件的大容量可擦写介质。

色样（Color Swatch）：所要印刷颜色的标准。

撞网：又称龟纹，指四色加网套印时出现两种或以上颜色的重叠。

叼口（Gripper）：印刷机上纸时的叼纸处。

出血（Bleed）：为裁切印刷品而保留的位置。

实地（Solid plate）：指满版印刷。

光边（Cropping）：指涂布层印刷成品的裁齐。

专色（Spot color）：指四色（黄、品红、青、黑）之外的特别色。

图1-94

图1-95

风云 II

FENG YUN

第2章

包装的标签设计

2.1 基础技术汇讲

　　标签——在人们的现实生活中并不少见，它是一件商品的门面，所以在本章中我们就着重介绍几种比较常见标签的绘制方法。

　　（1）名称易记：标签上的产品名称要易懂、易记，使消费者看见之后能留下深刻的印象，促使其消费。

　　（2）印刷简明：尤其对于各种商品的标签要力求简明。那些在超级市场货架上摆放的商品，包装就要吸引人，让顾客能随时留意到它，想把它从货架上拿下来看。

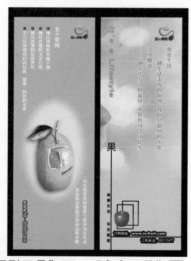

　　在本章中多运用"贝济埃工具" 、"椭圆形工具" 、"文字工具" 、"颜色填充工具" 、"渐变填充工具" 等，利用这些工具，实现几种标签的绘制，并获得不同的效果。

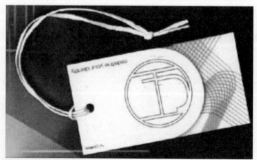

　　常用的填充工具的具体意义和功能如下表所示。

图 标	工具名称	意义和功能
	贝济埃工具	利用该工具可以轻松绘制平滑线条
	椭圆形工具	利用该工具可以绘制相关的圆形图案
	矩形工具	利用该工具可以绘制相关的矩形图案

2.2 精彩实例荟萃

实例01 绘制服装标签

【技术分析】

标签设计在版式上灵活性比较强，一般在尺寸、材料、形式上等没有具体的规格，本着符合产品需求，简单快捷地达到宣传和提示作用即可。标签大体可分为如下几类：卷状铜版标签、卷状服装吊卡、卷状消银龙标签、卷状PVC标签、卷状PET标签、特殊规格标签及彩色印刷标签。其中在人们日常生活中最为长见的即为彩色印刷标签。本章首先来接触学习该类标签的绘制。

在现在生活中，各种服装都有各自的标签，它们体现了不同品牌的内涵与个性，是打动消费者的"武器"。本例中利用基本的造型工具"贝济埃工具"，完成一个服装标签的绘制，通过将各部分填充颜色，得到的最终效果如图2-1所示。

图2-1

本例的制作流程分三部分。第1部分应用"贝济埃工具"工具绘制标签的基本轮廓，并填充颜色及为其添加阴影，如图2-2所示；第2部分添加文字，并填充颜色，如图2-3所示；第3部分加入挂绳配饰，得到本案例的最终效果，如图2-4所示。

图2-2

图2-3

图2-4

【制作步骤】

STEP01 选择【文件】→【新建】菜单命令或者按【Ctrl+N】组合键，新建一个210mm×210mm 大小的文件。

STEP02 选择"贝济埃工具"，在页面中间绘制封闭的服装标签轮廓，如图 2-5 所示，将其填充颜色，色值为"C0、M90、Y50、K0"。单击轮廓工具组里的"无轮廓"按钮，去掉轮廓线的颜色，如图 2-6 所示。

图2-5

图2-6

知识链接

使用贝济埃工具绘制线条：要绘制曲线段，请在要放置第一个节点的位置单击，然后将控制手柄拖至要放置下一个节点的位置，松开鼠标按钮，单击"形状工具"，使用工具栏中曲线工具进行调节。要绘制直线段，在要开始该线段的位置单击，然后在要结束该线段的位置单击。

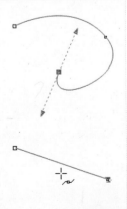

STEP03 选择"椭圆形工具"，在上一步绘制的图形基础上绘制一个大小适合的正圆形，如图2-7所示，去掉正圆的轮廓线之后利用两个图形之间的运算得到一个新的图形，如图2-8所示。

STEP04 复制上一步的图案并粘贴两个，分别填充"C61、M98、Y63、K10"、"C0、M0、Y0、K10"颜色，分别执行【排列】→【顺序】→【到图层后面】菜单命令或按【Ctrl+Page Down】组合键，再为其添加阴影，增强标签的立体效果，如图2-9所示。

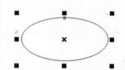
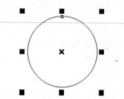
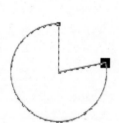
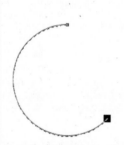

图2-7

图2-8

图2-9

STEP05 复制第2步得到的轮廓图，单击颜色面板中的"无颜色"，去掉填充色，将其轮廓线填充颜色，色值为"C30、M96、Y25、K0"，宽度为"1.0mm"，如图2-10所示。先执行【位图】→【转换为位图】菜单命令，如图2-11所示，再执行【位图】→【模糊】→【高斯式模糊】菜单命令，如图2-12所示，得到效果如图2-13所示。

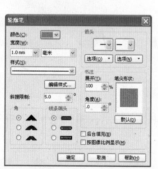
图2-10

图2-11

图2-12

图2-13

STEP06 选择"文字工具"，输入"SUMMER CoolSALE"，如图2-14所示。设置文字属性，字体为"Impact"，大小为"49pt"，如图2-15所示。将"SUMMER SALE"填充渐变色，色值为"C0、M0、Y0、K100"、"C0、M0、Y0、K0"。单击轮廓工具组里的"无轮廓"按钮去掉轮廓色，如图2-16所示。其中"Cool"填充"C91、M22、Y0、K0"，效果如图2-17所示。

SUMMER CoolSALE

图2-14

图2-15

图2-16

图2-17

STEP07　选择"贝济埃工具" ，绘制若干个不规则图形分别填充渐变色，得到一个挂绳的效果，将各部分选中，执行【排列】→【群组】命令，如图2-18所示。

STEP08　选中上一步绘制的挂绳，按组合键【Ctrl+C】、【Ctrl+V】进行复制与粘贴，填充颜色，色值为"C0、M0、Y0、K10"，得到挂绳的阴影部分，如图2-19所示。

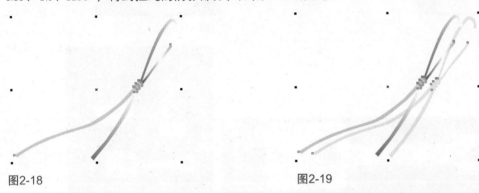

图2-18

图2-19

STEP09　按组合键【Ctrl+G】将挂绳与阴影组合，并放在合适的位置，如图2-20所示。得到服装标签的最后效果如图2-21所示。

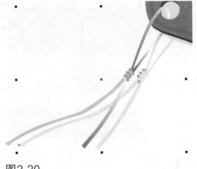

图2-20

图2-21

实例02　绘制系列标签

【技术分析】

　　"系列"——似乎成为现代人生活的必不可少的部分，系列服装、系列图书、系列玩具……系列标签。在本节中我们就介绍系列标签的绘制。本例中利用基本的造型工具"贝济埃工具" 、"矩形工具" 和"椭圆形工具" 完成一系列标签的绘制，通过复制某些重要的部分，得到完整的系列标签，最终效果如图2-22所示。

图2-22

本例的制作流程分三部分。第1部分应用"矩形工具"  绘制一个矩形标签的轮廓，然后运用"贝济埃工具" 绘制祥云，之后加上logo及其文字，得到一个矩形标签，如图2-23所示；第2部分添加文字，利用"椭圆形工具" 绘制圆形轮廓，复制矩形标签的祥云图案及文字和logo，得到圆形标签，如图2-24所示；第3部分绘制扇形标签，步骤同第二步，如图2-25所示。将各部分组合并更改背景颜色，得到本案例的最终效果，如图2-26所示。

图2-23

图2-24

图2-25

图2-26

【制作步骤】

STEP01 选择【文件】→【新建】菜单命令或者按【Ctrl+N】组合键，新建一个210mm×210mm大小的文件。

STEP02 选择"矩形工具" ，在页面中间绘制一个正方形，将其填充颜色，色值"C100、M50、Y0、K0"，单击轮廓工具组里的"无轮廓"按钮 去掉轮廓色，如图2-27所示。

STEP03 选择"矩形工具" ，在正方形的左上方绘制一个圆角矩形，矩形的属性如图2-28所示，将其填充颜色，色值"C0、M0、Y0、K0"，单击轮廓工具组里的"无轮廓"按钮 去掉轮廓色，如图2-29所示。

图2-27

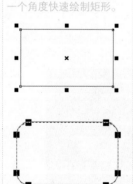

图2-28

图2-29

STEP04 选择"矩形工具" ，在上一步得到圆角矩形的上方绘制一个矩形，选中两个图形，单击属性栏中的"修剪" 命令，得到一个新的图形，如图2-30、图2-31所示。然后将其填充颜色，色值"C2、M24、Y93、K0"，单击轮廓工具组里的"无轮廓"按钮 去掉轮廓色，如图2-32所示。

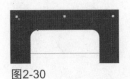

图2-30

图2-31

图2-32

STEP05　选择"矩形工具"　，绘制一个矩形，执行【效果】→【图框精确剪裁】→【放置在容器中】命令，将其填充颜色，色值"C80、M73、Y0、K0"，单击轮廓工具组里的"无轮廓"按钮　去掉轮廓色，如图 2-33 所示。

STEP06　选择"椭圆形工具"　，绘制一个圆形，利用两个图形之间的运算，得到标签的孔，如图 2-34 和图 2-35 所示。

图2-33

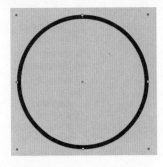

图2-34

图2-35

STEP07　选择"贝济埃工具"　，绘制祥云的图案，执行【效果】→【图框精确剪裁】→【放置在容器中】命令，将其填充白色，并利用图形间的运算使其与轮廓的边缘吻合，如图 2-36 和图 2-37 所示。

STEP08　导入文件中的 logo，放在适当位置，如图 2-38 所示。

图2-36

图2-37

图2-38

STEP09　选择"文字工具"　，输入"文房四宝"。设置文字属性，字体为"汉仪篆书繁"，大小为"14pt"，如图 2-39 所示。为了避免字体缺失造成的无法浏览，单击鼠标右键，选择【转换为曲线】命令，将文字转换为曲线，如图 2-40 所示。

图2-39

图2-40

STEP10　选择"贝济埃工具" 📝，勾画挂绳，如图 2-41 所示。然后将其填充轮廓颜色，色值"C7、M27、Y69、K0"，其他属性如图 2-42 所示，得到如图 2-43 所示的效果。

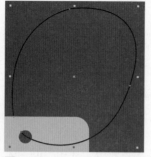
图2-41

图2-42

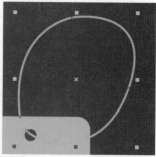
图2-43

STEP11　复制上一步的挂绳，修改其轮廓颜色，色值为"C0、M0、Y0、K55"，执行【位图】→【转换为位图】命令，如图 2-44 所示。执行【位图】→【模糊】→【高斯式模糊】命令，如图 2-45 和图 2-46 所示，添加阴影效果如图 2-47 所示。

图2-44

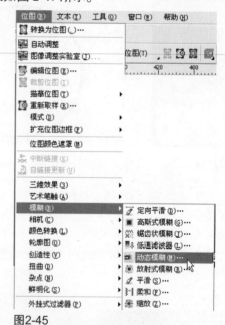
图2-45

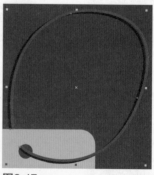
图2-47

图2-46

STEP12　选择"椭圆形工具" ⬭，绘制一个圆形作为圆形标签的轮廓，如图 2-48 所示。选择"矩形工具" ▢，在圆形上 1/2 部分绘制一个矩形，运用图形间的运算得到一个半圆，将其填充颜色，色值"C80、M73、Y0、K0"，单击轮廓工具组里的"无轮廓"按钮 ✕ 去掉轮廓色，如图 2-49 和图 2-50 所示。

图2-48

图2-49

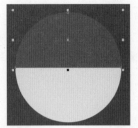
图2-50

STEP13　选择"椭圆形工具" 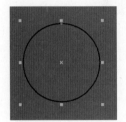，绘制一个圆形，运用图形间的运算得到圆形标签的孔，如图 2-51 和图 2-52 所示。

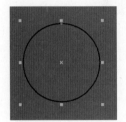
图2-51

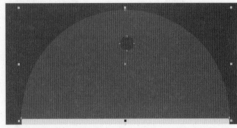
图2-52

STEP14　选择矩形标签中的祥云图案，执行【效果】→【图框精确剪裁】→【放置在容器中】命令，得到效果如图 2-53 和图 2-54 所示。

图2-53

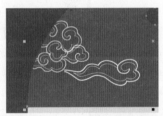
图2-54

STEP15　复制矩形标签的挂绳，调整节点如图 2-55 所示。制作阴影步骤的方法同步骤（11），得到效果如图 2-56 所示。

STEP16　复制矩形标签的 Logo 及其文字，调整位置得到完整的圆形标签，其效果如图 2-57 所示。

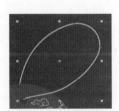
图2-55

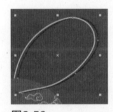
图2-56

图2-57

STEP17　选择"贝济埃工具" ，勾勒扇形标签的轮廓，如图 2-58 所示，将其填充颜色，色值为"C0、M0、Y0、K0"，如图 2-59 所示。

图2-58

图2-59

STEP18　选择"矩形工具"□，扇形右边位置绘制一个矩形，运用图形间的运算得到一个半圆，将其填充颜色，色值为"C80、M73、Y0、K0"，并去掉轮廓色，如图2-60和图2-61所示。

STEP19　按照上述方法为扇形标签添加祥云图案，如图2-62所示。

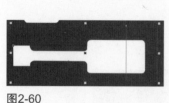

图2-60

图2-61

图2-62

STEP20　选择"椭圆形工具"○，绘制一个圆形，运用图形间的运算得到圆形标签的孔，并复制logo及其文字放在相应的位置，如图2-63和图2-64所示。

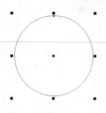

图2-63

图2-64

STEP21　将每个标签调整到适当位置，并将背景颜色设置为黑色，至此完成此案例的绘制，如图2-65所示。

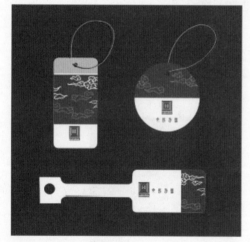

图2-65

实例03　绘制儿童产品标签

【技术分析】

对于儿童产品标签的设计把握，应该以色彩鲜明，造型卡通为主。本例中利用基本的造型工具"贝济埃"工具□、"椭圆形工具"○及"文字工具"□，完成一个儿童产品LOGO的绘制，通过将各部分填充颜色得到最终效果，如图2-66所示。

本例的制作流程分三部分。第1部分应用"贝济埃工具"工具□和

图2-66

"椭圆形工具" 绘制标签的基本轮廓,并在填充颜色之后为其添加阴影,如图2-67所示;第2部分绘制老鼠图案并添加文字、填充颜色,如图2-68所示;第3部分加入挂绳配饰,得到本案例的最终效果,如图2-69所示。

图2-67　　　　　　　　　　图2-68　　　　　　　　图2-69

【制作步骤】

STEP01　选择【文件】→【新建】菜单命令或者按【Ctrl+N】组合键,新建一个 A4 大小的文件。

STEP02　选择"贝济埃工具" ,在页面绘制封闭的服装标签轮廓,如图 2-70 所示,将其填充颜色,色值为"C0、M0、Y100、K0",单击轮廓工具组里的"无轮廓"按钮 去掉轮廓色,如图 2-71 所示。

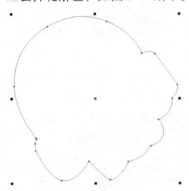

图2-70　　　　　　　　　　　　　　　　图2-71

STEP03　复制上一步的轮廓图,将其填充颜色,色值为"C80、M50、Y100、K30",如图 2-72 所示。执行【排列】→【顺序】→【到图层后面】菜单命令或按【Ctrl+Page Down】组合键将其置到黄色图形所在的图层后,如图 2-73 所示。

图2-72　　　　　　　　　　　　　　　图2-73

STEP04　选择"椭圆形工具" ,在上一步绘制的图形基础上绘制一个正圆形,之后复制该圆形,选中两个圆形,按住【Shift】键,将其同心缩小,之后运用两个图形间的运算得到一个圆环,如图 2-74 所示。填充渐变色,渐变色值为"C64、M100、Y100、K40—C29、M98、Y95、K0",如图 2-75 所示,得到效果如图 2-76 所示。

☞ 使用技巧

【排列】→【顺序】→【到图层后面】菜单命令的快捷键为【Ctrl+Page Down】。

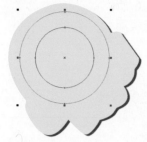

图2-74   图2-75   图2-76

STEP05 将上一步的圆环复制，并按住【Shift】键同心缩小若干，填充渐变颜色，色值为"C1、M100、Y100、K0"、"C60、M100、Y0、K0"，如图 2-77 所示，得到效果如图 2-78 所示。

STEP06 选择"贝济埃工具" ，在圆环中间绘制封闭的小老鼠图案，填充颜色，色值为"C5、M20、Y70、K0"，轮廓线为黑色，如图 2-79 所示。

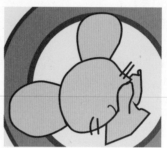

图2-77   图2-78   图2-79

STEP07 继续选择"贝济埃工具" ，绘制小老鼠耳朵的形状，填充颜色，色值为"C0、M85、Y100、K0"，轮廓线为黑色，如图 2-80 所示。添加眼睛及小喇叭，如图 2-81 和图 2-82 所示。

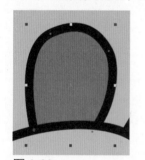

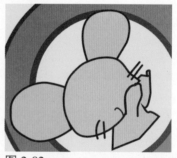

图 2-80   图 2-81   图 2-82

STEP08 继续选择"贝济埃工具" 绘制不规则图形，填充颜色，色值为"C1、M51、Y95、K0"，轮廓线色值为"C53、M98、Y96、K11"，效果如图 2-83 所示。

图2-83

STEP09 选择"文字工具" ，输入"Bamiqi"，如图 2-84 所示。设置文字属性，字体为"Comic Sans MS"，大小为"56.704pt"，如图 2-85 和图 2-86 所示，将其填充白色，轮廓色填充黑色，如图 2-87 所示。

Bamiqi

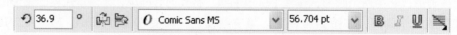

图2-84   图2-85

图1-86

图1-87

4. 手提袋的包装设计

　　手提袋是商品包装的一个重要组成部分。它与原包装及商品构成新的整体关系，继续服务于消费者。包装袋的种类繁多，从应用功能分类有：产品包装袋、礼品包装袋、商品购物袋、广告包装袋等；按包装袋的造型结构区分为：信封袋、尖低袋、枕形袋、平底袋、背心袋、拉锁袋、手提袋、扣结袋、异型袋；以材质来分包括：塑料袋、布袋、纸质袋、锦袋、复合材料袋等。

图1-88

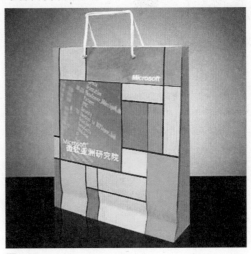

图1-89

　　视觉设计的基本三元素是图形、文字、色彩，图形和文字信息的表达可借助编排方式、大小区分、颜色对比等手法加以实现，品牌色彩的认同感是靠对一种色彩的长期使用而获得的，设计师必须尊重品牌的视觉资产，从已形成的品牌色彩谱系中谨慎地创新设计。

　　时尚表达设计：

　　市场是不断变化的，设计者要把握时尚信息的传递，有敏锐的洞察力，才能与不断变化的市场同步。

图1-90

图1-91

5. 概括国际流行包装的要求

1）名称易记：包装上的产品名称要易记、易懂。

2）外观醒目：要让消费者只看外表就能对产品的特征了如指掌。

3）印刷简明：包装要吸引人，让顾客留意到高档豪华的商品，包装印刷应与商品本身的档次相适应。

4）体现信誉：包装要充分体现产品的信誉，使消费者透过包装增加对产品的信赖。

5）颜色悦目：包装颜色要符合相关国家的审美习惯。

6）有地区标志：包装上最好有产品产地标志或图案，使人容易识别。

7）有环保意识：现在国际上普遍重视环境保护，对包装材料有许多新规定。

8）标新立异：国际上流行的商品包装，总是力求新颖、奇特、富有现代意识。

9）对于庄重商品的包装采彩，宜采用红、蓝、白3种颜色。

10）各种食品的包装色彩，要选用固定的代表色。

图1-92

图1-93

1.2.6 印刷的基本常识

1. 印刷过程

印前指印刷前期的工作，一般指摄影、设计、制作、排版、出片等；印中指印刷中期的工作，通过印刷机印刷出成品的过程；印后指印刷后期的工作，一般指印刷品的后加工，包括裁切、覆膜、模切、糊袋、装裱等，多用于宣传类和包装类印刷品。

2. 印刷要素

纸张：纸张分类很多，一般分为涂布纸、非涂布纸。涂布纸一般指铜版纸和哑粉纸，多用于彩色印刷；非涂布纸一般指胶版纸、新闻纸，多用于信纸、信封和报纸的印刷。

颜色：一般印刷品是由黄、品红、青、黑四色压印，另外还有印刷专色。

3. 印刷品分类

（1）以终极产品分类

办公类：指信纸、信封、办公表格等与办公有关的印刷品。

宣传类：指海报、宣传单页、产品手册等一系列与企业宣传或产品宣传有关的印刷品。

生产类：指包装盒、不干胶标签等大批量的与生产产品直接有关的印刷品。

（2）以印刷机分类

胶版印刷：指用平版印刷，多用于四色纸张印刷。

凹版印刷：指用凹版（一般指钢版）印刷，多用于塑料印刷。

柔性版印刷：指用柔性材料版（一般指树脂版等），多用于不干胶印刷。

丝网印刷：可以在各种材料上印刷，多用于礼品印刷等。

（3）以材料分类

纸张印刷：最常用的印刷。

塑料印刷：多用于包装袋的印刷。

特种材料：印刷指玻璃、金属、木材等的印刷。

4. 行业术语

P数：指16开纸张一面。

菲林片（Film）：是通过照排机转移印刷品电子文件的透明胶片，用于印刷晒版。

克数：衡量纸张厚度的重要指标。

打样（Proofing）：制作印刷样稿的过程。

出片：用电子文件输出菲林片的过程。

胶版印刷（Offset）：平版印刷，所用印刷版材是平滑的。

胶版纸：印刷纸质的一种，纸张表面没有涂布层，多用于信纸、信封等。

光铜（Art paper）：印刷纸质的一种，表面有涂布层，并且有光泽，多用于彩色宣传品印刷。

无光铜：印刷纸质的一种，表面涂布层经过亚光处理，多用于彩色宣传品印刷。

令（Ream）：衡量纸张数量的单位（1令纸等于500张全开纸）。

对开：指将全开纸从中裁一刀为对开。

MO：印刷前期用来存储电子文件的大容量可擦写介质。

色样（Color Swatch）：所要印刷颜色的标准。

撞网：又称龟纹，指四色加网套印时出现两种或以上颜色的重叠。

叼口（Gripper）：印刷机上纸时的叼纸处。

出血（Bleed）：为裁切印刷品而保留的位置。

实地（Solid plate）：指满版印刷。

光边（Cropping）：指涂布层印刷成品的裁齐。

专色（Spot color）：指四色（黄、品红、青、黑）之外的特别色。

图1-94

图1-95

风云 II
FENG YUN

第2章

包装的标签设计

2.1 基础技术汇讲

标签——在人们的现实生活中并不少见，它是一件商品的门面，所以在本章中我们就着重介绍几种比较常见标签的绘制方法。

（1）名称易记：标签上的产品名称要易懂、易记，使消费者看见之后能留下深刻的印象，促使其消费。

（2）印刷简明：尤其对于各种商品的标签要力求简明。那些在超级市场货架上摆放的商品，包装就要吸引人，让顾客能随时留意到它，想把它从货架上拿下来看。

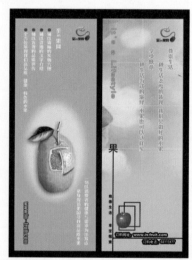

在本章中多运用"贝济埃工具" 、"椭圆形工具" 、"文字工具" 、"颜色填充工具" 、"渐变填充工具" 等，利用这些工具，实现几种标签的绘制，并获得不同的效果。

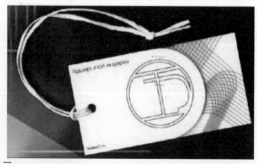

常用的填充工具的具体意义和功能如下表所示。

图　标	工具名称	意义和功能
	贝济埃工具	利用该工具可以轻松绘制平滑线条
	椭圆形工具	利用该工具可以绘制相关的圆形图案
	矩形工具	利用该工具可以绘制相关的矩形图案

2.2 精彩实例荟萃

实例01　绘制服装标签

【技术分析】

标签设计在版式上灵活性比较强，一般在尺寸、材料、形式上等没有具体的规格，本着符合产品需求，简单快捷地达到宣传和提示作用即可。标签大体可分为如下几类：卷状铜版标签、卷状服装吊卡、卷状消银龙标签、卷状PVC标签、卷状PET标签、特殊规格标签及彩色印刷标签。其中在人们日常生活中最为长见的即为彩色印刷标签。本章首先来接触学习该类标签的绘制。

在现在生活中，各种服装都有各自的标签，它们体现了不同品牌的内涵与个性，是打动消费者的"武器"。本例中利用基本的造型工具"贝济埃工具" ，完成一个服装标签的绘制，通过将各部分填充颜色，得到的最终效果如图2-1所示。

图2-1

本例的制作流程分三部分。第1部分应用"贝济埃工具"工具 绘制标签的基本轮廓，并填充颜色及为其添加阴影，如图2-2所示；第2部分添加文字，并填充颜色，如图2-3所示；第3部分加入挂绳配饰，得到本案例的最终效果，如图2-4所示。

图2-2

图2-3

图2-4

【制作步骤】

STEP01　选择【文件】→【新建】菜单命令或者按【Ctrl+N】组合键，新建一个210mm×210mm大小的文件。

STEP02　选择"贝济埃工具" ，在页面中间绘制封闭的服装标签轮廓，如图2-5所示，将其填充颜色，色值为"C0、M90、Y50、K0"。单击轮廓工具组里的"无轮廓"按钮 ，去掉轮廓线的颜色，如图2-6所示。

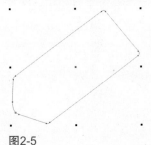

图2-5

图2-6

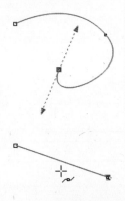

STEP03　选择"椭圆形工具"，在上一步绘制的图形基础上绘制一个大小适合的正圆形，如图2-7所示，去掉正圆的轮廓线之后利用两个图形之间的运算得到一个新的图形，如图2-8所示。

STEP04　复制上一步的图案并粘贴两个，分别填充"C61、M98、Y63、K10"、"C0、M0、Y0、K10"颜色，分别执行【排列】→【顺序】→【到图层后面】菜单命令或按【Ctrl+Page Down】组合键，再为其添加阴影，增强标签的立体效果，如图2-9所示。

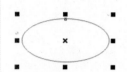

图2-7　　　　　图2-8　　　　　图2-9

STEP05　复制第2步得到的轮廓图，单击颜色面板中的"无颜色"，去掉填充色，将其轮廓线填充颜色，色值为"C30、M96、Y25、K0"，宽度为"1.0mm"，如图2-10所示。先执行【位图】→【转换为位图】菜单命令，如图2-11所示，再执行【位图】→【模糊】→【高斯式模糊】菜单命令，如图2-12所示，得到效果如图2-13所示。

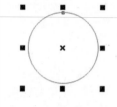

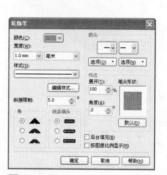 

图2-10　　　　　图2-11

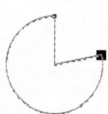

图2-12　　　　　图2-13

STEP06　选择"文字工具"，输入"SUMMER CoolSALE"，如图2-14所示。设置文字属性，字体为"Impact"，大小为"49pt"，如图2-15所示。将"SUMMER SALE"填充渐变色，色值为"C0、M0、Y0、K100"、"C0、M0、Y0、K0"。单击轮廓工具组里的"无轮廓"按钮去掉轮廓色，如图2-16所示。其中"Cool"填充"C91、M22、Y0、K0"，效果如图2-17所示。

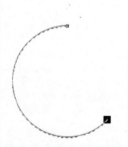

图2-14　　　　　 图2-15

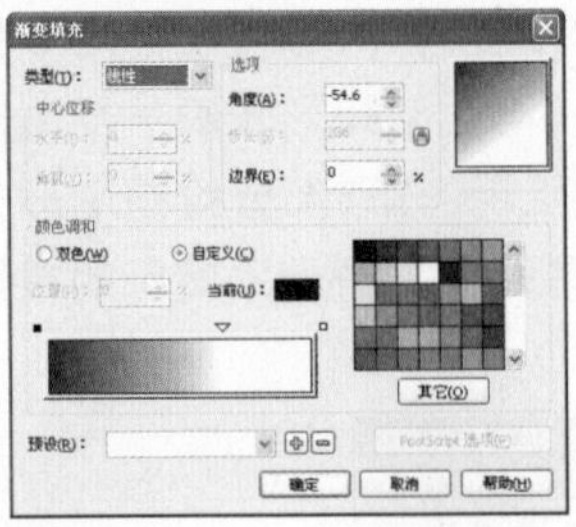

图2-16

图2-17

STEP07　选择“贝济埃工具”，绘制若干个不规则图形分别填充渐变色，得到一个挂绳的效果，将各部分选中，执行【排列】→【群组】命令，如图 2-18 所示。

STEP08　选中上一步绘制的挂绳，按组合键【Ctrl+C】、【Ctrl+V】进行复制与粘贴，填充颜色，色值为“C0、M0、Y0、K10”，得到挂绳的阴影部分，如图 2-19 所示。

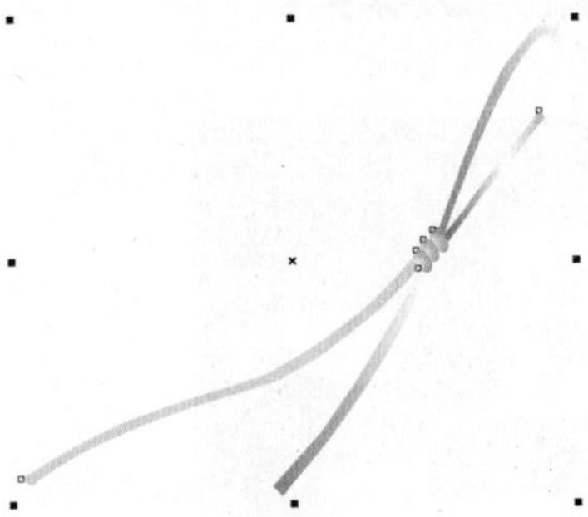

图2-18

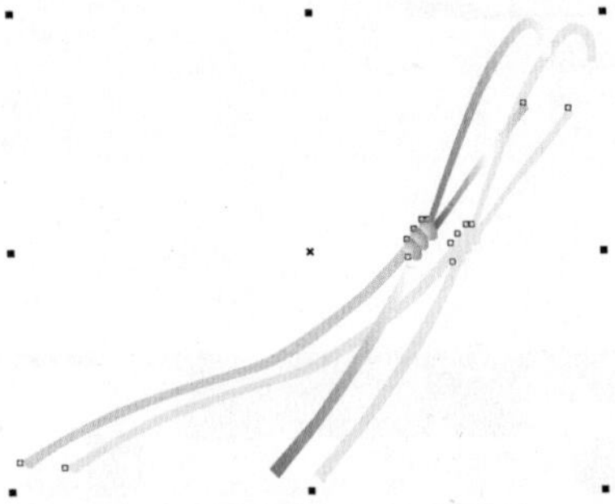

图2-19

STEP09　按组合键【Ctrl+G】将挂绳与阴影组合，并放在合适的位置，如图 2-20 所示。得到服装标签的最后效果如图 2-21 所示。

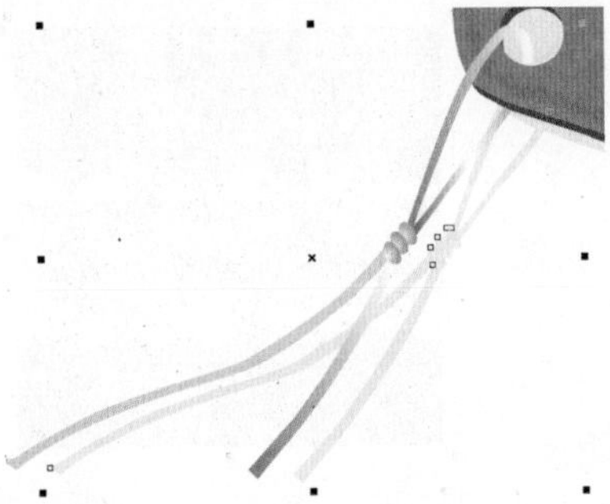

图2-20

图2-21

实例02 绘制系列标签

【技术分析】

“系列”——似乎成为现代人生活的必不可少的部分，系列服装、系列图书、系列玩具……系列标签。在本节中我们就介绍系列标签的绘制。本例中利用基本的造型工具“贝济埃工具”、“矩形工具”和“椭圆形工具”完成一系列标签的绘制，通过复制某些重要的部分，得到完整的系列标签，最终效果如图2-22所示。

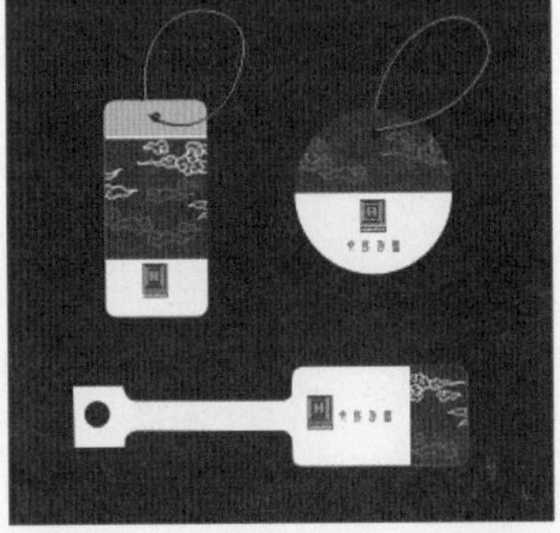

图2-22

本例的制作流程分三部分。第1部分应用"矩形工具" □ 绘制一个矩形标签的轮廓，然后运用"贝济埃工具" ☑ 绘制祥云，之后加上logo及其文字，得到一个矩形标签，如图2-23所示；第2部分添加文字，利用"椭圆形工具" ◎ 绘制圆形轮廓，复制矩形标签的祥云图案及文字和logo，得到圆形标签，如图2-24所示；第3部分绘制扇形标签，步骤同第二步，如图2-25所示。将各部分组合并更改背景颜色，得到本案例的最终效果，如图2-26所示。

图2-23

图2-24

图2-25

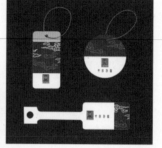

图2-26

【制作步骤】

STEP01 选择【文件】→【新建】菜单命令或者按【Ctrl+N】组合键，新建一个 210mm×210mm 大小的文件。

STEP02 选择"矩形工具" □，在页面中间绘制一个正方形，将其填充颜色，色值"C100、M50、Y0、K0"，单击轮廓工具组里的"无轮廓"按钮 ⊠ 去掉轮廓色，如图 2-27 所示。

图2-27

STEP03 选择"矩形工具" □，在正方形的左上方绘制一个圆角矩形，矩形的属性如图 2-28 所示，将其填充颜色，色值"C0、M0、Y0、K0"，单击轮廓工具组里的"无轮廓"按钮 ⊠ 去掉轮廓色，如图 2-29 所示。

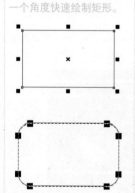

图2-28

图2-29

STEP04 选择"矩形工具" □，在上一步得到圆角矩形的上方绘制一个矩形，选中两个图形，单击属性栏中的"修剪" □ 命令，得到一个新的图形，如图 2-30、图 2-31 所示。然后将其填充颜色，色值"C2、M24、Y93、K0"，单击轮廓工具组里的"无轮廓"按钮 ⊠ 去掉轮廓色，如图 2-32 所示。

图2-30

图2-31

图2-32

STEP05　选择"矩形工具" ，绘制一个矩形，执行【效果】→【图框精确剪裁】→【放置在容器中】命令，将其填充颜色，色值"C80、M73、Y0、K0"，单击轮廓工具组里的"无轮廓"按钮 去掉轮廓色，如图 2-33 所示。

STEP06　选择"椭圆形工具" ，绘制一个圆形，利用两个图形之间的运算，得到标签的孔，如图 2-34 和图 2-35 所示。

图2-33

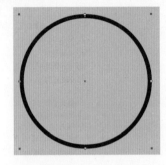

图2-34

图2-35

STEP07　选择"贝济埃工具" ，绘制祥云的图案，执行【效果】→【图框精确剪裁】→【放置在容器中】命令，将其填充白色，并利用图形间的运算使其与轮廓的边缘吻合，如图 2-36 和图 2-37 所示。

STEP08　导入文件中的 logo，放在适当位置，如图 2-38 所示。

图2-36

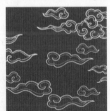

图2-37

图2-38

STEP09　选择"文字工具" ，输入"文房四宝"。设置文字属性，字体为"汉仪篆书繁"，大小为"14pt"，如图 2-39 所示。为了避免字体缺失造成的无法浏览，单击鼠标右键，选择【转换为曲线】命令，将文字转换为曲线，如图 2-40 所示。

图2-39

图2-40

☞ 使用技巧

对象的复制——可以通过按住鼠标左键移动图形，同时单击鼠标右键的方式完成复制；可以通过使用【Ctrl+C】和【Ctrl+V】组合键完成复制；也可以通过【编辑】→【复制】和【编辑】→【粘贴】的菜单命令完成复制。

STEP10 选择"贝济埃工具"，勾画挂绳，如图2-41所示。然后将其填充轮廓颜色，色值"C7、M27、Y69、K0"，其他属性如图2-42所示，得到如图2-43所示的效果。

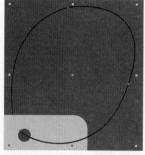
图2-41

图2-42

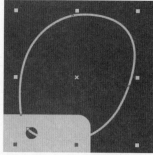
图2-43

STEP11 复制上一步的挂绳，修改其轮廓颜色，色值为"C0、M0、Y0、K55"，执行【位图】→【转换为位图】命令，如图2-44所示。执行【位图】→【模糊】→【高斯式模糊】命令，如图2-45和图2-46所示，添加阴影效果如图2-47所示。

图2-44

图2-45

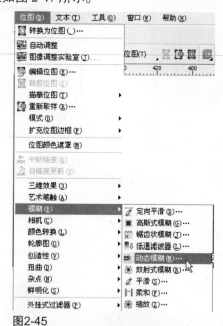

图2-46

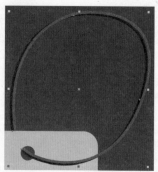
图2-47

STEP12 选择"椭圆形工具"，绘制一个圆形作为圆形标签的轮廓，如图2-48所示。选择"矩形工具"，在圆形上1/2部分绘制一个矩形，运用图形间的运算得到一个半圆，将其填充颜色，色值"C80、M73、Y0、K0"，单击轮廓工具组里的"无轮廓"按钮去掉轮廓色，如图2-49和图2-50所示。

图2-48

图2-49

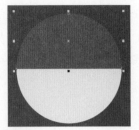

图2-50

STEP13 选择"椭圆形工具" ◎，绘制一个圆形，运用图形间的运算得到圆形标签的孔，如图 2-51 和图 2-52 所示。

图2-51

图2-52

STEP14 选择矩形标签中的祥云图案，执行【效果】→【图框精确剪裁】→【放置在容器中】命令，得到效果如图 2-53 和图 2-54 所示。

图2-53

图2-54

STEP15 复制矩形标签的挂绳，调整节点如图 2-55 所示。制作阴影步骤的方法同步骤（11），得到效果如图 2-56 所示。

STEP16 复制矩形标签的 Logo 及其文字，调整位置得到完整的圆形标签，其效果如图 2-57 所示。

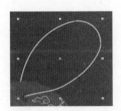

图2-55

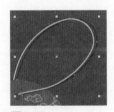

图2-56

图2-57

STEP17 选择"贝济埃工具" ✎，勾勒扇形标签的轮廓，如图 2-58 所示，将其填充颜色，色值为"C0、M0、Y0、K0"，如图 2-59 所示。

图2-58

图2-59

STEP18　选择"矩形工具" 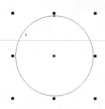，扇形右边位置绘制一个矩形，运用图形间的运算得到一个半圆，将其填充颜色，色值为"C80、M73、Y0、K0"，并去掉轮廓色，如图2-60和图2-61所示。

STEP19　按照上述方法为扇形标签添加祥云图案，如图2-62所示。

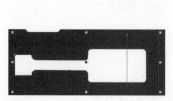　　

图2-60　　　　　　　　　　图2-61　　　　　　　　　　图2-62

STEP20　选择"椭圆形工具" 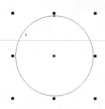，绘制一个圆形，运用图形间的运算得到圆形标签的孔，并复制logo及其文字放在相应的位置，如图2-63和图2-64所示。

图2-63　　　　　　　　　　图2-64

STEP21　将每个标签调整到适当位置，并将背景颜色设置为黑色，至此完成此案例的绘制，如图2-65所示。

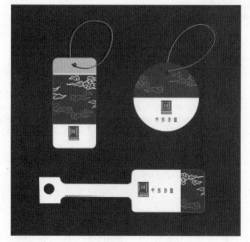

图2-65

实例03 绘制儿童产品标签

【技术分析】

对于儿童产品标签的设计把握，应该以色彩鲜明，造型卡通为主。本例中利用基本的造型工具"贝济埃"工具 、"椭圆形工具" 及"文字工具" ，完成一个儿童产品LOGO的绘制，通过将各部分填充颜色得到最终效果，如图2-66所示。

本例的制作流程分三部分。第1部分应用"贝济埃工具"工具 和

图2-66

"椭圆形工具"  绘制标签的基本轮廓,并在填充颜色之后为其添加阴影,如图2-67所示;第2部分绘制老鼠图案并添加文字、填充颜色,如图2-68所示;第3部分加入挂绳配饰,得到本案例的最终效果,如图2-69所示。

图2-67

图2-68

图2-69

【制作步骤】

STEP01 选择【文件】→【新建】菜单命令或者按【Ctrl+N】组合键,新建一个 A4 大小的文件。

STEP02 选择"贝济埃工具" ,在页面绘制封闭的服装标签轮廓,如图 2-70 所示,将其填充颜色,色值为"C0、M0、Y100、K0",单击轮廓工具组里的"无轮廓"按钮 去掉轮廓色,如图 2-71 所示。

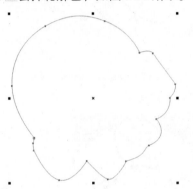

图2-70

图2-71

STEP03 复制上一步的轮廓图,将其填充颜色,色值为"C80、M50、Y100、K30",如图 2-72 所示。执行【排列】→【顺序】→【到图层后面】菜单命令或按【Ctrl+Page Down】组合键将其置到黄色图形所在的图层后,如图 2-73 所示。

☞ 使用技巧

【排列】→【顺序】→【到图层后面】菜单命令的快捷键为【Ctrl+Page Down】。

图2-72

图2-73

STEP04 选择"椭圆形工具" ,在上一步绘制的图形基础上绘制一个正圆形,之后复制该圆形,选中两个圆形,按住【Shift】键,将其同心缩小,之后运用两个图形间的运算得到一个圆环,如图 2-74 所示。填充渐变色,渐变色值为"C64、M100、Y100、K40—C29、M98、Y95、K0",如图 2-75 所示,得到效果如图 2-76 所示。

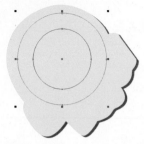

图2-74　　　　　　　　　图2-75　　　　　　　　　图2-76

STEP05　将上一步的圆环复制，并按住【Shift】键同心缩小若干，填充渐变颜色，色值为"C1、M100、Y100、K0"、"C60、M100、Y0、K0"，如图 2-77 所示，得到效果如图 2-78 所示。

STEP06　选择"贝济埃工具" ，在圆环中间绘制封闭的小老鼠图案，填充颜色，色值为"C5、M20、Y70、K0"，轮廓线为黑色，如图 2-79 所示。

图2-77　　　　　　　　　图2-78　　　　　　　　　图2-79

STEP07　继续选择"贝济埃工具" 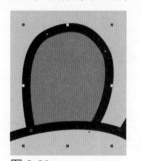，绘制小老鼠耳朵的形状，填充颜色，色值为"C0、M85、Y100、K0"，轮廓线为黑色，如图 2-80 所示。添加眼睛及小喇叭，如图 2-81 和图 2-82 所示。

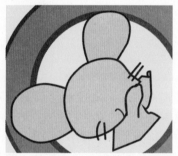

图 2-80　　　　　　　　　图 2-81　　　　　　　　　图 2-82

STEP08　继续选择"贝济埃工具" 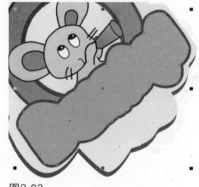绘制不规则图形，填充颜色，色值为"C1、M51、Y95、K0"，轮廓线色值为"C53、M98、Y96、K11"，效果如图 2-83 所示。

图2-83

STEP09　选择"文字工具" ，输入"Bamiqi"，如图 2-84 所示。设置文字属性，字体为"Comic Sans MS"，大小为"56.704pt"，如图 2-85 和图 2-86 所示，将其填充白色，轮廓色填充黑色，如图 2-87 所示。

图2-84　　　　　　　　　图2-85

STEP10　选择"文字工具"▣输入字母"Z"，填充白色，设置文字属性，字体为"方正胖娃体简"，大小为"100pt"，如图 3-92 所示，将其放在椭圆形中间，如图 3-93 所示。

| T方正胖娃简体 | 100 pt |

图3-92　　　　　　　　　　　　　　　　图3-93

STEP11　继续选择"文字工具"▣输入字母"CRIEP"，设置文字属性，字体为"经典叠圆体繁"，大小为"100pt"，将其填充白色，轮廓颜色为"C90、M62、Y3、K0"，字属性如图 3-94 所示，得到如图 3-95 所示的效果。将其旋转 90°，放在合适位置，如图 3-96 所示。

| T 经典叠圆体繁 |

图3-94　　　　　　　　图3-95　　　　　　　　图3-96

STEP12　继续选择"文字工具"▣输入字母"Hellogg's"，设置文字属性，字体为"Brush Script Std"，大小为"100pt"，填充颜色，其色值为"C33、M100、Y98、K1"，如图 3-97 和图 3-98 所示。

| O Brush Script Std |

图3-97　　　　　　　　　　　　　　　图3-98

STEP13　选择【文件】→【导入】菜单命令，导入光盘 / 素材文件 /ch03/3-2-2 中的所有图片，如图 3-99 和图 3-100 所示。

图3-99　　　　　　　　图3-100

☞ 知识链接

导入——选择【文件】→【导入】命令，选择要导入的图片后鼠标变成一个垂直的三角图标，可以单击鼠标左键直接导入图片，也可以拖动鼠标左键绘制一个要导入的区域，从而限制图片的大小。

STEP14　选择工具箱中的"矩形工具"🔲，绘制一个矩形，填充颜色，色值为"C96、M57、Y0、K0"，效果如图3-101所示。执行【效果】→【添加透视】菜单命令，将其变形作为包装盒的侧面，如图3-102所示。

STEP15　复制正面的文字图案，【Ctrl+G】组合键将其群组，执行【效果】→【添加透视】菜单命令后，再将其放在包装的侧面位置，如图3-103所示。

图3-101

图3-102

图3-103

STEP16　选择工具箱中的"挑选工具"🔲，选中上面导入的素材图片，之后选择工具箱中的"橡皮擦工具"✏️，擦掉一部分食品的边缘，如图3-104和图3-105所示，之后按【Ctrl+C】和【Ctrl+V】组合键将其复制，选择属性栏中的"镜像"命令，执行镜像效果，将其放在字母"Z"的右边，如图3-106所示。。

图3-104

图3-105

图3-106

STEP17　复制英文字母为其填充颜色，色值为"C96、M57、Y0、K0"如图3-107和图3-108所示，转换为位图，并添加艺术效果，属性如图3-109所示，按【Ctrl+Page Down】组合键放在图层后面，添加的阴影效果如图3-110所示。

图3-107

图3-108

图3-109

图3-110

STEP18　按以上的制作方法绘制顶端部分，按【Ctrl+Page Down】组合键放在图层后面，如图3-111所示。

STEP19　调整明暗关系，得到该包装的整体效果，如图3-112所示。

图3-111

图3-112

STEP20 用工具箱中的"贝济埃工具"  绘制线段,分别填充"C97、M82、Y1、K0"、"C48、M11、Y21、K0",如图3-113和图3-114所示。

图3-113

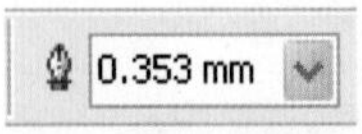

图3-114

STEP21 将上一步得到的图案添加到图形样式当中,为其添加背景,参数设置如图3-115所示。复制该包装并调整角度,如图3-116和图3-117所示。

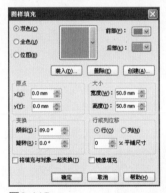

图3-115

图3-116

图3-117

STEP22 按着上述方法为包装添加阴影,高斯式模糊半径设置"51.0",如图3-118所示。得到的最终效果如图3-119所示。

图3-118

图3-119

实例03 绘制点心包装

【技术分析】

从色彩上来讲，蛋糕点心类的包装多用金色、黄色及浅黄色给人以香味袭人之印象；同时，为了突出环保特点，绿色的点缀也是糕点包装的装饰颜色。本节就介绍一种点心包装的制作过程，其色彩鲜明，引人注目。

食品包装的安全性要求是极其重要的。为了彰显该点心包装的视觉效果，本案例的工艺稍微复杂。在制作过程中主要利用几种基本的造型工具完成一个包装的绘制，通过将其复制并执行镜像效果，得到另一个包装，改变大小后将两个包装组合起来，并添加装饰性的图案及其文字，得到的最终效果如图3-120所示。

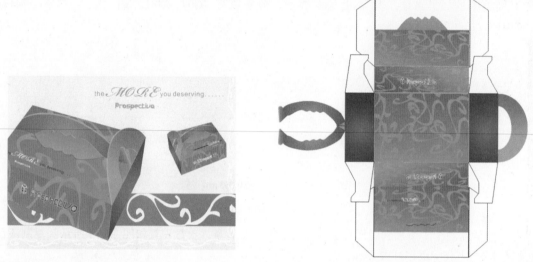

图3-120

本例的制作流程分三部分。第1部分应用"矩形工具"▢、"贝济埃工具"工具❀，来绘制包装的基本轮廓并填充颜色，如图3-121所示；第2部分添加整体图案，如图3-122所示；第3部添加局部图案，复制第一个包装，执行镜像效果得到另一个包装，之后添加背景色，如图3-123所示。

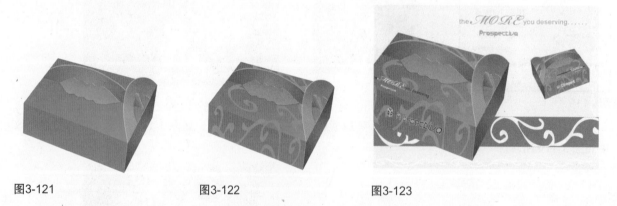

图3-121   图3-122   图3-123

【制作步骤】

STEP01   选择【文件】→【新建】菜单命令或者按【Ctrl+N】组合键，新建一个A4大小的文件。

STEP02   选择工具箱中的"矩形工具"▢，绘制一个矩形，如图3-124所示。执行【效果】→【添加透视】菜单命令将其变形，如图3-125和图3-126所示。填充颜色，其色值为"C0、M60、Y100、K0"，单击轮廓属性栏中的"无颜色"去掉轮廓线，如图3-127所示。

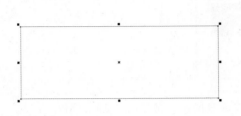

图3-124

图3-125

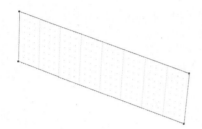

图3-126

图3-127

STEP03 继续绘制一个矩形，执行【效果】→【添加透视】菜单命令，将其变形，作为点心盒的一个侧面，如图 3-128 所示。填充渐变颜色，渐变色值为"C88、M29、Y100、K0"、"C56、M4、Y99、K0"，如图 3-129 所示。

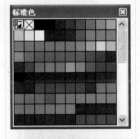

知识链接

应用均匀填充：
均匀填充可以使用颜色模型和色板来选择或创建纯色，软件界面的右侧有默认的CMYK色板，可在此方便地选择所需要的颜色。

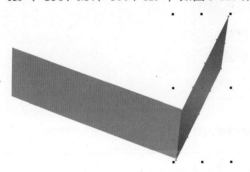

图3-128

图3-129

STEP04 按着上面步骤的操作方法绘制点心盒的另一面，将其填充渐变色，色值为"C0、M40、Y86、K0"、"C5、M78、Y98、K0"，并去掉其轮廓线，如图 3-130 和图 3-131 所示。

图3-130

图3-131

STEP05 选择工具箱中的"贝济埃工具"，在页面中间绘制封闭的不规则图形，如图 3-132 所示，将其填充颜色，色值为"C33、M1、Y80、K0"，轮廓填充颜色为"C88、M29、Y100、K2"，如图 3-133 所示。

图3-132

图3-133

STEP06 复制上一步的不规则图形，作为点心盒的手提柄，将其填充颜色，色值为"C30、M2、Y78、K0"，按【Ctrl+Page Down】组合键放在第（5）步得到的图层后面，如图 3-134 和图 3-135 所示。

图3-134

图3-135

STEP07 选择"贝济埃工具" ，绘制不规则图形，将其作为点心盒的手提柄，如图 3-136 所示。然后填充颜色，色值为"C78、M17、Y100、K0 – C38、M2、Y89、K0"，如图 3-137、图 3-138、图 3-139 所示。

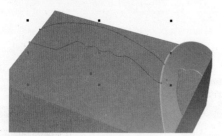

图3-136

图3-137

图3-138

图3-139

STEP08 复制上一步得到的不规则图形，将其填充颜色，色值为"C31、M2、Y83、K0"，并单击轮廓工具组里的"无轮廓"按钮 去掉轮廓色，如图 3-140 和图 3-141 所示。

图3-140

图3-141

STEP09 选择工具箱中的"贝济埃工具" ，绘制不规则图形作为点心盒手提柄的接口，填充渐变色，其色值为"C85、M22、Y100、K0 – C38、M2、Y89、K0"，如图 3-142 和图 3-143 所示。复制该图形，，稍微上移，填充"C31、M2、Y83、K0"，并去掉其轮廓线，按【Ctrl+PgDn】组合键放在图层后面，如图 3-144 和图 3-145 所示。

图3-142

图3-143

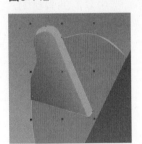

图3-144

图3-145

STEP10 选择工具箱中的"贝济埃工具" ，绘制不规则图形并填充渐变色，其色值为"C0、M60、Y100、K0 – C2、M40、Y78、K0"，如图 3-146 和图 3-147 所示。渐变色如图 3-148 和图 3-149 所示。

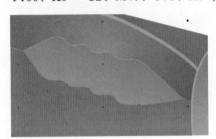

图3-146

图3-147

图3-148

图3-149

STEP11 继续绘制不规则图形，填充颜色并去掉其轮廓线，如图 3-150 和图 3-151 所示。

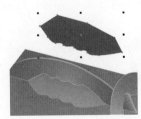

图3-150

图3-151

CorelDRAW X3中文版包装创意设计

STEP12 按【Ctrl+Page Down】组合键将上一步得到的不规则图形放在下一层,如图 3-152 和图 3-153 所示。

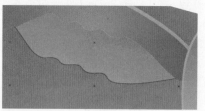

图3-152

图3-153

STEP13 导入光盘 / 素材文件 /ch03/3-2-3/3-3-001.cdr,将其填充颜色,色值为"C2、M45、Y88、K0",如图 3-154 和图 3-155 所示。

STEP14 将该图案复制若干个,并选择工具箱中的"挑选工具",选中复制的素材图片,旋转适当的角度,执行【效果】→【添加透视】菜单命令添加透视,如图 3-156 所示。

图3-154

图3-155

图3-156

STEP15 执行【效果】→【图框精确剪裁】→【放置在容器中】菜单命令,如图 3-157 和图 3-158 所示。

图3-157

图3-158

STEP16 选择【文件】→【导入】菜单命令,导入光盘 / 素材文件 /ch03/3-2-3/3-3-002,将其放在合适的位置,如图 3-159 和图 3-160 所示。

图3-159

图3-160

知识链接

复制多个图形,可以选择"挑选工具",按住键盘上的空格键都是移动鼠标。

STEP17　绘制一个矩形，将其填充渐变色，色值为"C2、M2、Y14、K0"、"C0、M0、Y0、K1"，并去掉其轮廓线，如图3-161和图3-162所示。

图3-161

图3-162

STEP18　继续绘制矩形并填充颜色，其色值为"C2、M2、Y20、K0"，单击轮廓工具组里的"无轮廓"按钮⊠去掉其轮廓线，如图3-163和图3-164所示。

图3-163

图3-164

STEP19　继续绘制矩形并填充颜色，去掉其轮廓线，如图3-165和图3-166所示。

图3-165

图3-166

STEP20　继续选择【文件】→【导入】菜单命令，导入光盘 / 素材文件 /ch03/3-2-3/3-3-001，将其放在矩形中间，执行【效果】→【图框精确剪裁】→【放置在容器中】菜单命令，如图3-167和图3-168所示。得到的效果如图3-169和图3-170所示。

图3-167

图3-168

图3-169

图3-170

STEP21　选择工具箱中的"文字工具"　，在页面中间输入文字，设置文字属性，字体为"Bikcham Script Pro Semibol"，大小为"43.08pt"。继续输入文字，字体为"Arial"，大小为"14.36pt"；继续输入文字，字体为"ItalicT"，大小为"14.36pt"，如图 3-171、图 3-172 和图 3-173 所示，得到的效果如图 3-174 所示。

图3-171

图3-172

图3-173

图3-174

STEP22　将其放在页面的右上角，得到的效果如图 3-175 所示。

STEP23　选中包装整体图案，按【Ctrl+C】和【Ctrl+V】组合键，将其复制，选择属性栏中的"镜像"命令，执行镜像效果，之后拖动鼠标将其缩小，得到的最终效果如图 3-176 所示。

图3-175

图3-176

第4章

酒、饮料的包装设计

4.1 基础技术汇讲

酒、饮料都是液体商品，现在，走进超市或者商场，琳琅满目的货架上，首先映入眼帘的一般都是这些液体饮品的外包装。所以这些饮品的包装作用及其重要，能够吸引消费者的眼球，增加产品附加值，满足人们日益增长的精神需求。色彩在各种产品的包装设计中占有特别重要的地位。在现在竞争激烈的商品市场上，要使商品具有明显区别于其他产品的视觉特征，更富有诱惑消费者的魅力，尤其对酒、饮料的包装，要刺激和引导消费，并且增强人们对品牌的记忆，这都离不开色彩的设计与运用。

酒瓶的包装大体可以分为几种不同的材料，但是最为普遍的分为4种：玻璃瓶、瓷瓶、塑料瓶、易拉罐装等，而酒盒的包装也是千变万化的，最普通的为纸质材料，其次还有塑料、竹、木、金属及各种复合材料等。

饮料包装的设计图案与颜色一般以具象的饮品材料为主导，比如说柠檬口味的饮料图案可以用柠檬本身来制作，颜色也是以柠檬本身的颜色为主，豆浆以黄色为主，牛奶以白色为主，等等。

纸质容器中纸盒又占有绝对的优势，根据酒类档次的不同，材料的选用也有区别。

（1）低档酒包装纸盒

a.采用350g以上白纸板印刷覆膜（塑料膜），模切成型。

b.稍微好一些的则采用300g白纸板对裱贴成纸卡，然后再印刷、覆膜、模切成型。

（2）中档酒包装纸盒

印刷用材料一般采用250g～300g的卡纸与300g左右白板纸对裱贴成卡纸，印刷覆膜（光膜、亚光膜）再模切成型。

（3）高档酒包装与礼品包装纸盒

多采用厚度为3mm～6mm的硬纸板，之后人工裱贴外装饰面，粘接成型。

在本章中多运用基本的造型工具，实现几种饮品的绘制，并使用各种填充工具添加不同的效果。

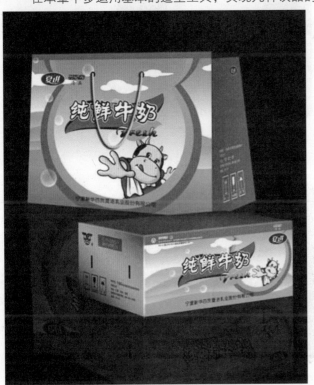

常用的填充工具的具体意义和功能如下表所示。

图 标	工具名称	意义和功能
贝济埃工具	利用该工具可以轻松绘制平滑线条
椭圆形工具	利用该工具可以绘制相关的圆形图案
交互式透明工具	利用该工具可以调整图案的透明度
文字工具	利用该工具可以输入不同的文字图案

4.2 精彩实例荟萃

实例01 绘制蔬果饮料包装

【技术分析】

本节就介绍两种饮料包装的制作，此案例中的色调就是按照蔬果本身的颜色来定位的。其中利用基本的造型工具"贝济埃工具"、"椭圆形工具" 及"文字工具" 完成一个包装的绘制，通过将其复制并改变部分颜色得到另一个包装，两个包装组合起来就得到一个饮料包装完整的效果。得到的最终效果如图4-1所示。

本例的制作流程分四部分。第1部分应用"贝济埃工具" 绘制标签的基本轮廓并填充颜色，如图4-2所示；第2部分应用"椭圆形工具" 及"文字工具" 添加局部图案及其文字，得到一个包装的效果，如图4-3所示；第3部分复制第一个包装，改变部分颜色及其图案，得到另一个包装，如图4-4所示；第4部分制作最终效果图，得到本案例的最终效果，如图4-5所示。

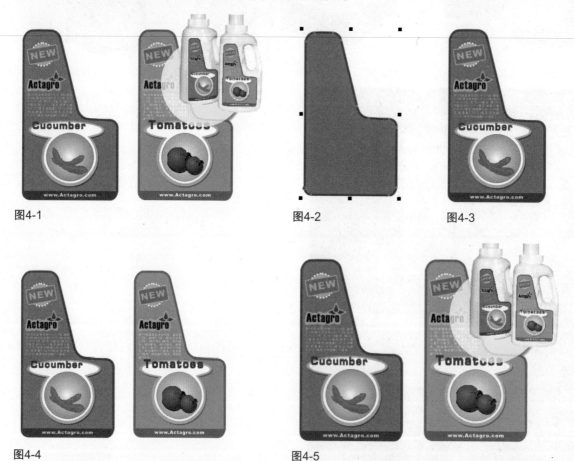

图4-1　　　　　　　　　　　　　　　　图4-2　　　　　　　　　　图4-3

图4-4　　　　　　　　　　　　　　　　图4-5

【制作步骤】

STEP01　选择【文件】→【新建】菜单命令或者按【Ctrl+N】组合键，新建一个 A4 大小的文件。

STEP02　选择工具箱中的"贝济埃工具"，在页面中间绘制封闭的轮廓作为饮料包装瓶上的标签，如图4-6所示，将其填充颜色，色值为"C73、M0、Y96、K0"，轮廓填充颜色为"C90、M37、Y97、K5"，如图4-7和图4-8所示。

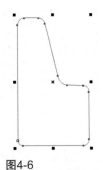
图4-6

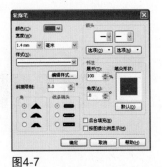
图4-7

图4-8

STEP03　选择工具箱中的"椭圆形工具" ，按住【Ctrl】键绘制一个圆形，将其填充颜色，色值为"C28、M0、Y57、K0"，轮廓填充白色，宽度为"1.0mm"，如图4-9和图4-10所示。

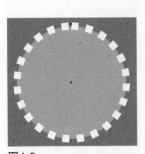
图4-9

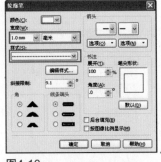
图4-10

STEP04　选择"矩形工具" ，在上一步得到的圆形中间绘制一个矩形，旋转10°并设置圆角化，如图4-11和图4-12所示，填充颜色，色值为"C40、M0、Y87、K0"，轮廓线填充颜色色值为"C28、M0、Y57、K0"，如图4-13所示。

图4-11

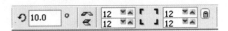
图4-12

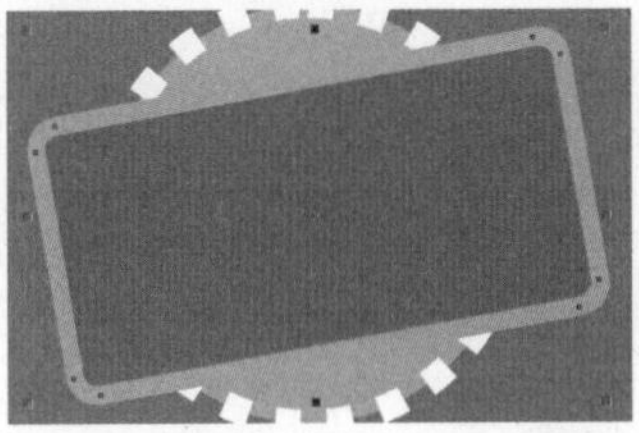

图4-13

STEP05　选择"文字工具" ，输入字母"NEW"，字体为Arial Black，字号为18pt，并旋转角度，如图4-14所示，将其填充颜色，色值为"C28、M0、Y57、K0"，得到的效果如图4-15所示。

图4-14

图4-15

STEP06　继续选择"文字工具" ，输入字母"Actagro"，字体为Impact，字号为24pt，如图4-16所示，填充颜色，色值为"C999、M93、Y0、K0"，如图4-17所示。

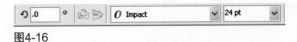
图4-16

图4-17

STEP07　选择工具箱中的"贝济埃工具" 绘制"Actagro"的轮廓，填充颜色，色值为"C40、M0、

Y87、K0",并去掉轮廓线,如图 4-18 所示;执行【排列】→【顺序】→【到图层后面】菜单命令或者按【Ctrl+Page Down】组合键将其衬于文字下方, 如图 4-19 所示。

图4-18

图4-19

STEP08　选择工具箱中的"基本形状工具" 🗔 ,选择水滴形状,如图 4-20 所示,绘制一个水滴的轮廓, 单击鼠标右键,选择【转换为曲线】菜单命令,如图 4-21 所示。调节其节点得到树叶形状的效果,如图 4-22 和图 4-23 所示。

图4-20

图4-21

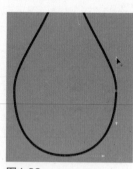

图4-22

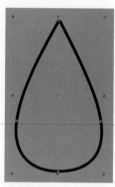

图4-23

STEP09　将上一步得到的树叶图形填充颜色,色值为"C81、M40、Y95、K7",轮廓线色值为"C40、 M0、Y87、K0",如图 4-24 所示,复制两片叶子并分别旋转 90° 与 270° ,得到效果如图 4-25 所示。

图4-24

图4-25

STEP10　选择"文字工具" 🗔 ,输入一段文字如图 4-26 所示,字体为"汉仪中黑简",字号为 5pt,如图 4-27 所示。并将其转换为曲线,如图 4-28 所示,得到效果如图 4-29 所示。

图4-26

图4-27

图4-28
图4-29

STEP11 选择工具箱中的"椭圆形工具" ,绘制一个椭圆形,在其下方绘制一个圆形,如图 4-30 和图 4-31 所示,选择"挑选工具" ,选中两个图形,执行图形间的运算 得到一个新的图形,将其填充颜色,色值为"C90、M37、Y97、K5",并去掉轮廓线,如图 4-32 和图 4-33 所示。

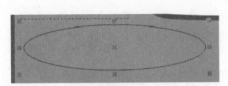

图4-30 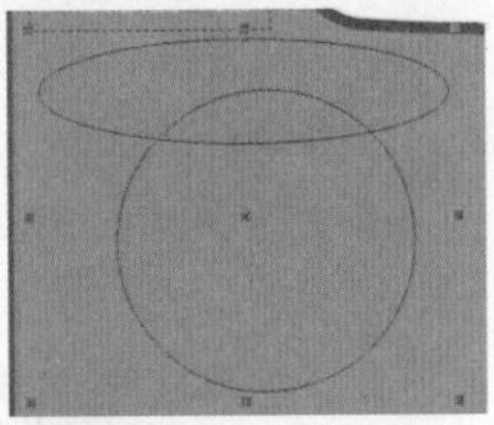
图4-31

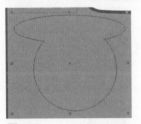

图4-32
图4-33

STEP12 复制上一步得到的图形将其稍微向左上方移动,填充颜色,色值为"C40、M0、Y87、K0",并去掉轮廓线,如图 4-34 所示。继续复制该图形并调整节点,填充白色,如图 4-35 所示。

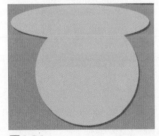

图4-34
图4-35

STEP13 选择工具箱中的"椭圆形工具" ,按住【Ctrl】键绘制一个圆形,填充渐变色,设置色值为"C23、M0、Y58、K0- C0、M0、Y0、K0",如图 4-36、图 4-37 和图 4-38 所示。

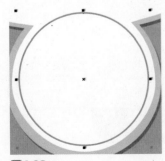

图4-36
图4-37
图4-38

STEP14　选择【文件】→【导入】菜单命令，导入光盘/素材文件/ch04/4-2-3/4-2-001.jpg，放在圆形的适当位置，如图4-39和图4-40所示。

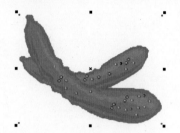

图4-39

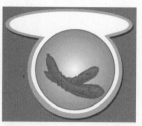

图4-40

STEP15　选择“文字工具”，输入英文字母，设置文字属性，字体为“汉仪综艺体简”，大小为“20pt”，将其填充颜色，色值为“C90、M37、Y97、K5”，轮廓色设置为黑色，选中文字，单击鼠标右键，在弹出的菜单中选择【转换为曲线】命令，将文字转换为曲线，如图4-41所示。

STEP16　选择“矩形工具”，在第2步得到的图形下方绘制一个矩形，选中该矩形与第2步得到的图形，选择属性栏中的“相交”命令，得到一个新的图形，添加颜色，其色值设置为“C90、M37、Y97、K5”，如图4-42所示。

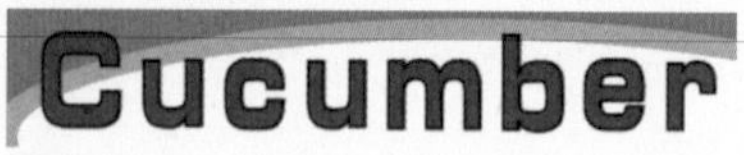

Cucumber
图4-41

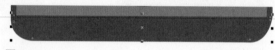

图4-42

STEP17　选择“文字工具”，输入该饮品的网址，并将其转换为曲线，如图4-43所示。

STEP18　适当调节每个部分的位置，选择“挑选工具”，选中整个图形，执行【排列】→【群组】菜单命令或者按【Ctrl+G】组合键将其群组，如图4-44和图4-45所示。

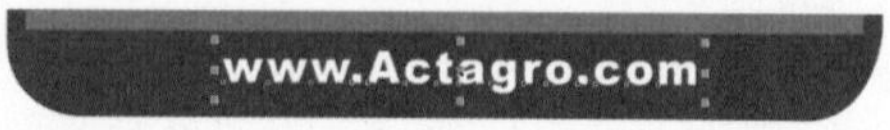

www.Actagro.com
图4-43

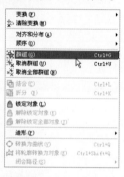

变换(F)
清除变换(M)
对齐和分布(A)
顺序(O)
群组(G) Ctrl+G
取消群组(U) Ctrl+U
取消全部群组(N)
结合(C) Ctrl+L
拆分 Ctrl+K
锁定对象(L)
解除锁定对象(K)
解除锁定全部对象(J)
造形(P)
转换为曲线(V) Ctrl+Q
将轮廓转换为对象(E) Ctrl+Shift+Q
闭合路径(S)
图4-44

NEW
Actagro
Cucumber
www.Actagro.com
图4-45

STEP19　复制黄瓜汁饮品的包装，将其轮廓颜色及其背景颜色重新设置，其背景颜色色值为“C90、M37、Y97、K5”，其轮廓颜色色值为“C0、M99、Y95、K0”，效果如图4-46和图4-47所示。

NEW
Actagro
Cucumber
www.Actagro.com
图4-46

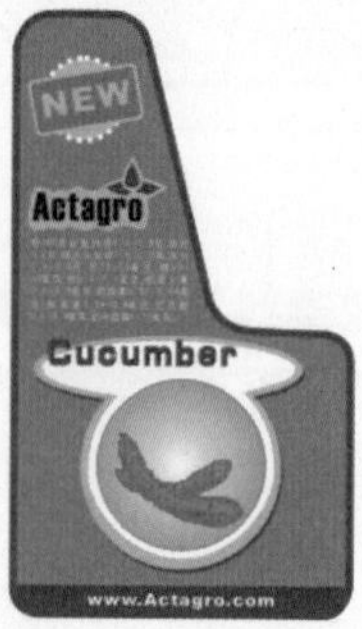

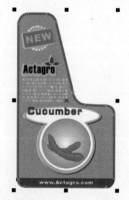

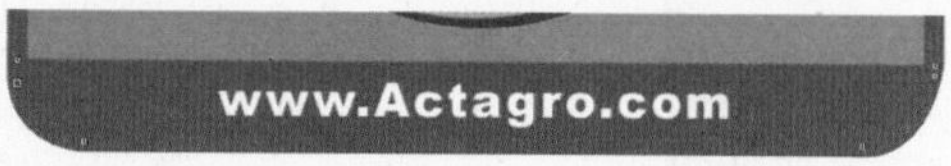

www.Actagro.com
图4-47

STEP20　选择"文字工具" ，输入西红柿的营养成分说明文字，设置文字属性，字体为"汉仪中黑简"，大小分别为"8.5pt"，将其填充颜色，色值为"C4、M3、Y92、K0"，选中文字并单击鼠标右键，在弹出的菜单中选择【转换为曲线】命令，将其转换为曲线，如图4-48所示。

STEP21　选择"文字工具"，输入"Tomatoes"，设置文字属性，字体为"汉仪综艺体简"，大小为"20pt"，填充颜色，色值为"C90、M37、Y97、K5"，并单击鼠标右键，在弹出的菜单中选择【转换为曲线】命令，将其转换为曲线，如图4-49所示，填充渐变色，设置色值为"C1、M51、Y95、K0- C0、M0、Y0、K0"，如图4-50所示。

图4-48

图4-49

图4-50

STEP22　选择【文件】→【导入】菜单命令，导入光盘/素材文件/ch04/4-2-3/4-2-002.jpg，放在圆形的适当位置，如图4-51所示。按【Ctrl+G】组合键将其群组，得到的效果如图4-52所示。

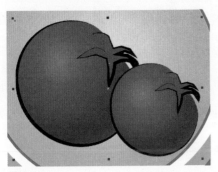

图4-51

图4-52

STEP23　选择工具箱中的"椭圆形工具" ，绘制一个椭圆形，填充白色，并调节透明度，如图4-53和图4-54所示。

图4-53

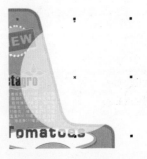

图4-54

STEP24　复制上一步得到圆形,，执行【位图】→【转换为位图】菜单命令将其转换为位图，执行【位图】→【模糊】→【高斯式模糊】菜单命令，如图4-55和图4-56所示。

图4-55　　　　　　　　　　　　　　　　　　图4-56

STEP25　选择【文件】→【导入】菜单命令，导入光盘 / 素材文件 /ch04/4-2-3/4-2-003.psd，放在圆形的适当位置，如图 4-57 所示。

STEP26　复制黄瓜果汁的包装，执行【效果】→【添加透视】菜单命令，如图 4-58 和图 4-59 所示。

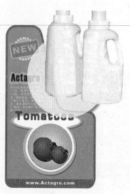

图4-57　　　　　　　　　　　　　　　　图4-58　　　　　　　　图4-59

STEP27　将上一步得到的黄瓜果汁包装的效果图转换为位图，执行【位图】→【转换为位图】菜单命令，如图 4-60 和图 4-61 所示。

STEP28　按照上两步的方法制作西红柿果汁的效果图，得到本案例的最终效果，如图 4-62 所示。

图4-60　　　　　　　　图4-61　　　　　　　　图4-62

实例02　绘制啤酒包装

【技术分析】

现在啤酒包装的样式尽管丰富多样，但是风格并不是随意变化的。本节就介绍一种啤酒包装的制作，此案例中的色调就是按照啤酒给人们的第一视觉来设计其效果的。其中利用基本的造型工具"贝济埃工具" 、"矩形工具" 及"文字工具" 完成一个啤酒包装的绘制，得到的最终效果如图4-63所示。

本例的制作流程分四部分。第1部分应用"矩形工具" 和"文字工具" 绘制标签的Logo，如图4-64所示；第2部分应用"椭圆形工具" 及"文字工具" 绘制啤酒瓶本身并添加装饰物，如图4-65所示；第3部分为其添加背景，增加该包装的质感。本案例的最终效果如图4-66所示。

图4-63

图4-64

图4-65

图4-66

【制作步骤】

STEP01　选择【文件】→【新建】菜单命令或者按【Ctrl+N】组合键，新建一个A4大小的文件。

STEP02　选择工具箱中的"矩形工具" ，在页面中间绘制3个矩形，如图4-67所示，运用图形间的运算得到一个新的图形，如图4-68所示，将其填充颜色，色值为"C0、M89、Y96、K0"，并去掉轮廓线，如图4-69所示。

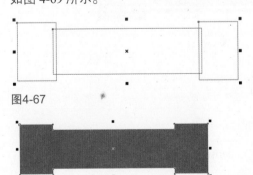

图4-67

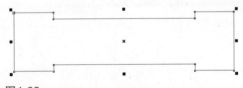

图4-68

图4-69

STEP03　选择上一步的图案，按【Ctrl+C】、【Ctrl+V】组合键复制该图案并将其放大，调整节点，如图4-70所示。填充渐变颜色，色值为"C65、M70、Y92、K25-C32、M43、Y89、K0-C65、M64、Y79、K13"，单击轮廓工具组里的"无轮廓"按钮，去掉轮廓色，如图4-71和图4-72所示，并执行【排列】→【顺序】→【向后一层】菜单命令或者按【Ctrl+Page Down】组合键执行向后一层的命令，如图4-72所示。

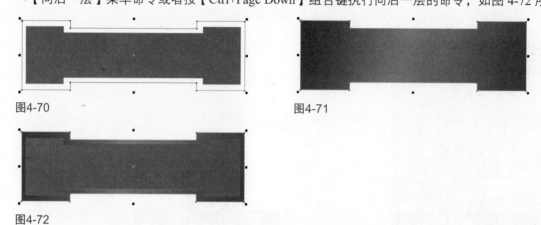

图4-70　　　　　　　　　　　　　　　　　　图4-71

图4-72

STEP04　继续选择图4-69，按【Ctrl+C】、【Ctrl+V】组合键复制该图案，选中复制的图形单击颜色面板中的"无颜色"去掉填充色，之后填充轮廓颜色为白色，如图4-73所示。选中此图案，按【Ctrl+C】、【Ctrl+V】组合键复制该图案，并修改轮廓颜色，色值设置为"C0、M0、Y0、K60"，如图4-74所示，将其执行【位图】→【转换为位图】和【模糊】→【高斯式模糊】菜单命令，得到阴影部分，如图4-75所示，对阴影部分执行【排列】→【顺序】→【向后一层】菜单命令或者按【Ctrl+Pg Dn】组合键，执行向后一层的命令，如图4-76所示。

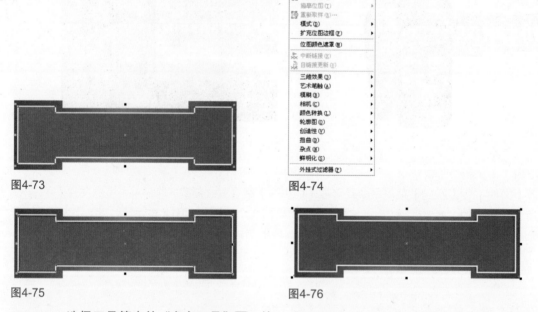

图4-73　　　　　　　　　　　　　　　　　　图4-74

图4-75　　　　　　　　　　　　　　　　　　图4-76

STEP05　选择工具箱中的"文字工具" ，输入"APCEHAAbHOE"，设置文字属性，字体为"Rockwell Condensed"，大小为"24pt"，如图4-77和图4-78所示。

图4-77

图4-78

STEP06 执行【文件】→【导入】命令导入光盘 / 素材文件 /ch04/4-2-3/4-001.jpg 素材图片，放在合适的位置，选中所有的图像按【Ctrl+G】组合键群组，完成该啤酒包装的 Logo，如图 4-79 和图 4-80 所示。

图4-79

图4-80

STEP07 选择工具箱中的"贝济埃工具" ，绘制封闭的啤酒瓶轮廓，并利用"挑选工具"对其进行适当调节，如图 4-81 所示。

STEP08 选择工具箱中的"交互式网状填充工具"，设置网格的属性为 1 行 6 列，调整瓶口及其底部的网格节点制作立体效果，如图 4-82 所示，将其填充颜色，色值为 "C79、M89、Y90、K35"、"C0、M45、Y95、K0" 和 "C5、M88、Y85、K0"，如图 4-83 所示。

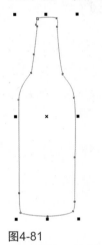
图4-81

图4-82

图4-83

STEP09 选择工具箱中的"贝济埃工具" ，绘制酒瓶的顶端，选择"交互式网状填充工具"，设置网格的属性为 1 行 5 列，将其填充颜色，色值为 "C72、M89、Y87、K44"、"C1、M6、Y56、K0"、"C49、M89、Y56、K0"、"C49、M89、Y98、K8" 和 "C72、M89、Y87、K44"，如图 4-84 所示。

STEP10 继续绘制高光部分，选择"交互式网状填充工具"，设置网格的属性为 1 行 5 列，设置填充颜色色值为 "C0、M0、Y0、K0"、"C0、M0、Y0、K5"，并选择"交互式透明工具" 调整其透明度，如图 4-85 和图 4-86 所示。

图4-84

图4-85

图4-86

STEP11 选择"贝济埃工具" ，绘制酒瓶的盖儿，将其填充颜色，色值为"C5、M35、Y100、K44"，如图 4-87 所示。继续绘制两个不规则图形并分别填充颜色，色值分别为"C0、M0、Y0、K0"和"C0、M0、Y100、K0"，如图 4-88 和图 4-89 所示。

图4-87

图4-88

图4-89

STEP12 按照瓶盖儿的路径绘制若干个三角形并分别填充颜色，色值分别设置为"C0、M0、Y80、K0"、"C0、M20、Y80、K30"，得到立体效果，如图 4-90、图 4-91 和图 4-92 所示。继续绘制不规则图形，选择"交互式透明工具" 调整透明度添加高光，如图 4-93、图 4-94 和图 4-95 所示。

图4-90

图4-91

图4-92

图4-93

图4-94

图4-95

STEP13 选择"贝济埃工具" ，绘制不规则图形，填充颜色，色值为"C0、M0、Y0、K100"，如图 4-96 和图 4-97 所示。执行【位图】→【转换为位图】和【位图】→【模糊】→【高斯式模糊】菜单命令，如图 4-98 和图 4-99 所示。

图4-96

图4-97

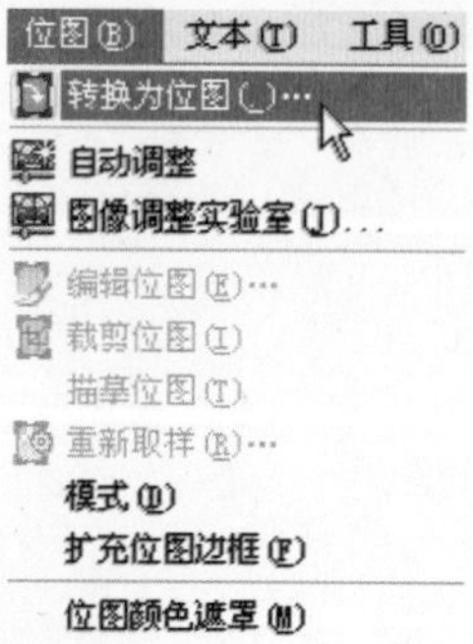

图4-98

图4-99

STEP14 继续选择"贝济埃工具" 📝，绘制不规则图形，填充颜色，色值为"C0、M10、Y50、K0"，并选择"交互式透明工具" 📝 调整其透明度，如图4-100和图4-101所示。

图4-100

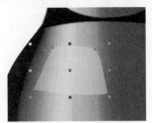

图4-101

STEP15 选择"矩形工具" 🔲，填充黑色，如图4-102所示。继续绘制不规则图形，填充颜色，色值为"C0、M40、Y87、K10"，去掉轮廓线，如图4-103所示。

图4-102

图4-103

STEP16 复制上一步得到的不规则图形，调整节点，分别填充颜色，色值分别为"C0、M100、Y100、K8"和"C0、M0、Y0、K10"，如图4-104和图4-105所示。

图4-104

图4-105

STEP17 复制上一步得到的不规则图形，调整节点，填充渐变颜色，色值为"C100、M50、Y100、K10-C54、M19、Y95、K0- C100、M50、Y100、K10"，如图4-106和图4-107所示。

图4-106

图4-107

STEP18 复制该啤酒包装的Logo，执行【位图】→【转换为位图】命令，如图4-108和图4-109所示，并将其同比例缩小，放在啤酒瓶的适当位置，如图4-110所示。

图4-108

位图(B) 文本(T) 工具(O)

转换为位图(C)…

自动调整

图像调整实验室(I)…

编辑位图(E)

裁剪位图(I)

描摹位图(T)

重新取样(R)…

模式(U)

扩充位图边框(F)

位图颜色遮罩(M)

图4-109

图4-110

STEP19　选择"文字工具" ，填充白色，如图4-111所示，设置文字属性，字体为"Bodoni MT Black"，大小为"10pt"，如图4-112所示。

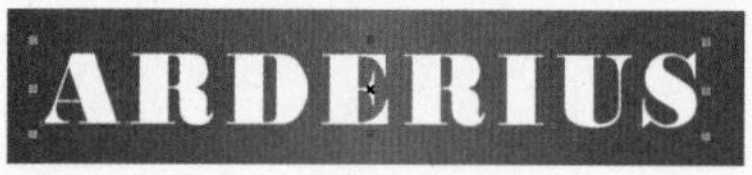

图4-111

图4-112

STEP20　选择"文字工具" 📷，填充黑色，如图4-113所示，设置文字属性，字体为"Gill Sans Ultra Bold"，大小为"8pt"，如图4-114所示，单击鼠标右键，在弹出的快捷菜单中选择【转换为曲线】命令，将其转换为曲线，并放在相应位置，如图4-115和图4-116所示。

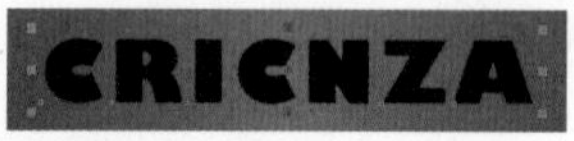

图4-113

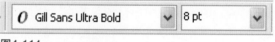

图4-114

转换到段落文本(V)　Ctrl+F8

转换为曲线(V)　Ctrl+Q

拼写检查(S)…　Ctrl+F12

撤消转换为曲线(U)　Ctrl+Z

剪切(T)　Ctrl+X

复制(C)　Ctrl+C

删除(L)　Delete

锁定对象(L)

顺序

样式(S)

因特网链接(N)

跳转到浏览器中的超链接(J)

叠印填充(F)

叠印轮廓(O)

属性(I)　Alt+Enter

图4-115

图4-116

STEP21　在"基本形状工具"中选择梯形工具，如图4-117所示，单击鼠标右键，选择【转换为曲线】命令将其转换为曲线，如图4-118所示。填充渐变颜色，色值为"C100、M50、Y100、K10-C54、M19、Y95、K0- C100、M50、Y100、K10"，放在瓶口位置，如图4-119和图4-120所示。

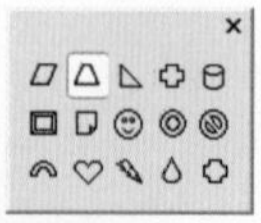

图4-117

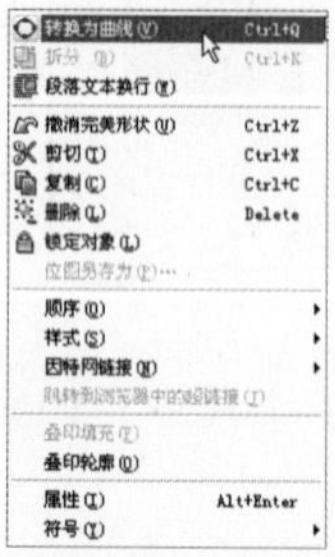

图4-118

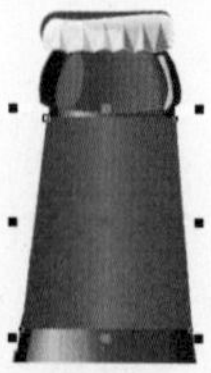

图4-119

图4-120

STEP22 复制上一步得到的梯形，填充颜色，色值为"C0、M40、Y87、K10"，并执行【排列】→【顺序】→【向后一层】菜单命令或者按【Ctrl+Page Down】组合键将其执行向后一层的命令，放在上一步图形后面，如图4-121所示，将其放在图层后边。

图4-121

STEP23 继续选择"贝济埃工具" ，绘制两个不规则图形，选择"交互式透明工具" 调整其透明度，为啤酒添加高光，如图4-122和图4-123所示。整体效果如图4-124所示。

图4-122　　　　　　　　图4-123　　　　　　　　图4-124

STEP24 继续绘制不规则图形，调整其透明度，为啤酒添加高光，如图4-125和图4-126所示。选中整个啤酒瓶按【Ctrl+G】组合键群组，群组之后复制得到另一个酒瓶，并将另一个啤酒瓶缩小，得到的效果如图4-127所示。

图4-125　　　　　　　　图4-126　　　　　　　　图4-127

STEP25 修改啤酒瓶的标签颜色，填充渐变颜色，色值为"C54、M98、Y96、K13"和"C22、M98、Y95、K0"，如图4-128所示。按【Ctrl+G】组合键将其群组，选中群组的图形，按【Ctrl+C】【Ctrl+V】组合键复制得到另一个酒瓶，得到的效果如图4-129所示。

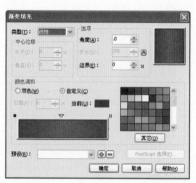

图4-128   图4-129

STEP26　按【Ctrl+U】组合键将后面的酒瓶群组之后适当调整角度，如图 4-130 所示，并将啤酒的 Logo 适当放大到相应位置，得到的效果如图 4-131 所示。

图4-130   图4-131

STEP27　选择"矩形工具"□绘制一个矩形，填充颜色，其色值为"C0、M100、Y100、K0"，按【Shift+Page Down】组合键将其衬于所有图层最下方，如图 4-132 所示。

STEP28　选择"贝济埃工具"□绘制一个不规则图形，填充白色，如图 4-133 所示，对其执行【位图】→【转换为位图】和【位图】→【模糊】→【高斯式模糊】菜单命令，如图 4-134 和图 4-135 所示。

图4-132

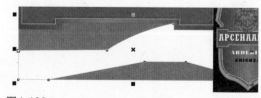

图4-133

图4-134

图4-135

STEP29 继续绘制一个矩形工具，填充黑色，执行【排列】→【顺序】→【到图层后面】菜单命令或者按【Shift+Page Down】组合键将其衬于图层最下方，得到本案例的最终效果，如图 4-136 所示。

图4-136

实例03 绘制饮用水包装

【技术分析】

该饮用水依然用玻璃瓶包装，这种商品特别要求独特的个性，色彩设计要与特殊的质感相结合，所以本案例的重点就在于制作玻璃瓶的质感。在利用基本的造型工具"贝济埃工具" 、"矩形工具" 及"文字工具" 之后，添加特殊效果才可得到最终效果，如图4-137所示。

本例的制作流程分三部分。第1部分应用"效果"工具绘制该图案的背景，如图4-138所示；第2部分应用"椭圆形工具" 得到该饮用水的玻璃瓶，如图4-139所示；第3部分利用"文字工具" 添加文字效果，得到最终效果如图4-140所示。

图4-137

图4-138

图4-139

图4-140

【制作步骤】

STEP01　选择【文件】→【新建】菜单命令或者按【Ctrl+N】组合键，新建一个 A4 大小的文件。

STEP02　选择工具箱中的"矩形工具"，在页面中间绘制一个矩形，将其填充渐变颜色，色值为"C51、M26、Y15、K0"和"C8、M4、Y4、K0"，单击轮廓工具组里的"无轮廓"按钮去掉轮廓线，如图4-141和图 4-142 所示。

图4-141

图4-142

STEP03　选择工具箱中的"矩形工具"，在页面中间绘制一个矩形，将其填充为渐变颜色，色值为"C96、M72、Y44、K11"和"C8、M4、Y4、K0"，并去掉轮廓线，如图 4-143 和图 4-144 所示。

图4-143

图4-144

STEP04　选择工具箱中的"矩形工具"，在页面中间绘制一个矩形，将其填充为渐变颜色，色值为"C90、M69、Y56、K22"、"C40、M20、Y13、K0"和"C8、M4、Y4、K0"，并去掉轮廓线，如图 4-145 和图 4-146所示。

图4-145

图4-146

STEP05　选中上一步的图案,执行【位图】→【转换为位图】命令,如图 4-147 所示。执行【位图】→【曲线】→【旋涡】命令,如图 4-148 所示,旋涡数值设置如图 4-149 所示,效果如图 4-150 所示。

图4-147

图4-148

图4-149

图4-150

STEP06 选择"交互式透明工具" ，为上一步的图形调整透明度，得出效果如图 4-151 和图 4-152 所示。

图4-151

图4-152

STEP07 选择工具箱中的"矩形工具" ，在页面中间绘制一个矩形，如图 4-153 所示。选择"椭圆形工具" ，在矩形上边绘制一个椭圆形，如图 4-154 所示。

图4-153

图4-154

CoreIDRAW X3中文版包装创意设计

STEP08　选中两个图形，单击鼠标右键，在弹出的快捷菜单中选择【复制】命令，如图 4-155 所示；在上边的属性栏中选择"前减后"，如图 4-156 所示。

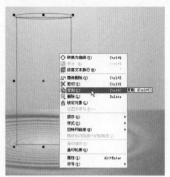

图4-155　　　　　　　　　　　　　　图4-156

STEP09　选择"形状工具"，调整节点，得到一个新的图形，如图 4-157 和图 4-158 所示。

图4-157　　　　　　　　　　　　　图4-158

STEP10　选中两个图形，在上边的属性栏中选择"相交"命令，如图 4-159 所示，得到一个新的图形，如图 4-160 所示。填充渐变颜色，色值为"C89、M72、Y63、K86"和"C10、M6、Y5、K0"，如图 4-161 和图 4-162 所示。

图4-159　　　　　　图4-160　　　　　　图4-161　　　　　　图4-162

STEP11　选中上一步的图案，单击鼠标右键，在弹出的快捷菜单中选择【复制】命令，如图 4-163 所示。填充渐变颜色，色值为"C89、M72、Y63、K36"和"C64、M42、Y37、K1"，如图 4-164 和图 4-165 所示。

图4-163　　　　　　　　　　图4-164　　　　　　　　　图4-165

80

STEP12　选中上一步的图案，单击鼠标右键，在弹出的快捷菜单中选择【顺序】→【向后一层】命令，如图 4-166 所示，得到的效果如图 4-167 所示。

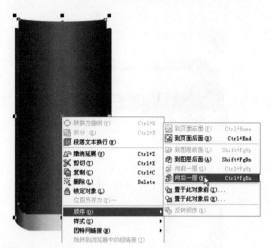

图4-166

图4-167

STEP13　选中上一步的图案，单击鼠标右键，在弹出的快捷菜单中选择【复制】命令，如图 4-168 所示，调整节点后,单击鼠标右键,在弹出的快捷菜单中选择【顺序】→【向后一层】命令,得到的效果如图 4-169 所示。

图4-168

图4-169

STEP14　继续复制上一步得到的图形，调整节点填充渐变颜色，色值为"C89、M72、Y63、K36-C61、M42、Y37、K1- C63、M40、Y35、K1- C91、M73、Y63、K35"，按【Ctrl+Page Down】组合键将其放在向后一层，如图 4-170、图 4-171 和图 4-172 所示。

图4-170

图4-171

图4-172

STEP15　继续复制上一步得到的图形，调整节点并填充渐变颜色，色值为"C89、M72、Y63、K36-C61、M42、Y37、K1-C38、M20、Y19、K0- C63、M40、Y35、K1- C91、M73、Y63、K35"， 按【Ctrl+Page Down】组合键将其向后一层放置，如图 4-173、图 4-174 和图 4-175 所示。

图4-173

图4-174

图4-175

STEP16　重复上述步骤，继续绘制瓶身部分，如图4-176、图4-177和图4-178所示。

图4-176

图4-177

图4-178

STEP17　重复上述步骤，继续绘制瓶身部分，如图4-179、图4-180和图4-181所示。

图4-179

图4-180

图4-181

STEP18　选择工具箱的"贝济埃工具"，将其添加渐变色，如图4-182和图4-183所示。

图4-182

图4-183

STEP19　复制上一步的图案，将其填充颜色，其色值为"C91、M74、Y65、K42"，并执行【排列】→【顺序】→【向后一层】菜单命令或者按【Ctrl+Page Down】组合键，将其执行向后一层的命令，放在上一步得到图形的后面，效果如图4-184、图4-185和图4-186所示。

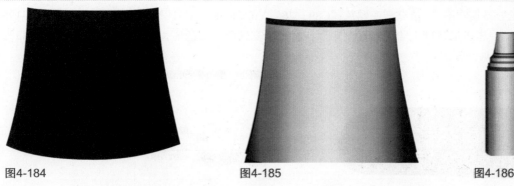

图4-184   图4-185   图4-186

STEP20 选择"矩形工具"⬚，绘制一个矩形，选择"选取工具"◢调整节点，得到一个圆角矩形，为轮廓线填充颜色，色值为"C93、M82、Y60、K38"，效果如图 4-187 和图 4-188 所示。

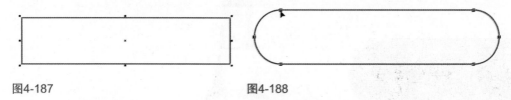

图4-187   图4-188

STEP21 选择该椭圆形，单击鼠标右键并选择【转换为曲线】命令，选择属性栏中的"分割曲线"，如图 4-189 和图 4-190 所示。

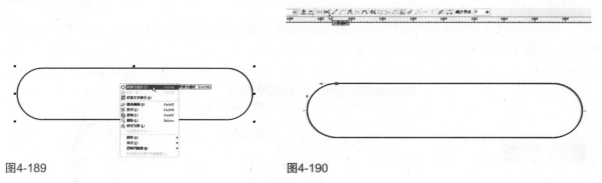

图4-189   图4-190

STEP22 选择"拆分曲线"将其分割，如图 4-191 和图 4-192 所示。调整其节点，并设置其宽度属性为"0.353mm"如图 4-193 和图 4-194 所示。

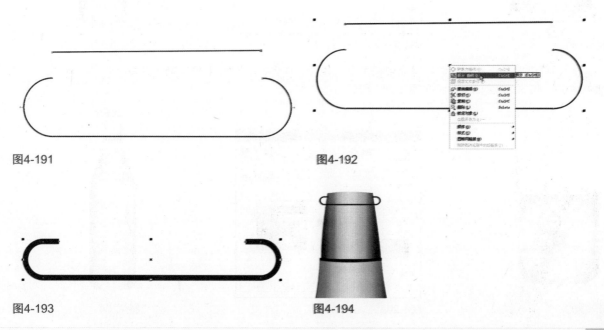

图4-191   图4-192

图4-193   图4-194

STEP23　继续绘制不规则图形，填充渐变颜色"C89、M66、Y62、K38 - C91、M76、Y68、K59"，如图4-195和图4-196所示。在该图形基础上绘制若干个矩形，将其填充颜色，其色值为"C91、M74、Y65、K42"，如图4-197和图4-198所示。

图4-195

图4-196

图4-197

图4-198

STEP24　绘制一个不规则图形，填充射线渐变，添加玻璃质感，按【Ctrl+Page Down】组合键将其放在后面一层，如图4-199、图4-200和图4-201所示。

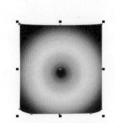

图4-199

图4-200

图4-201

STEP25　继续绘制不规则图形，填充射线渐变，按【Ctrl+Page Down】组合键将其放在后面一层，添加玻璃质感，如图4-202、图4-203和图4-204所示。

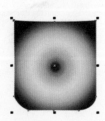

图4-202

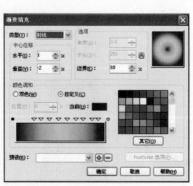

图4-203

图4-204

STEP26 复制瓶身,填充颜色,其色值为"C87、M73、Y71、K76",并放在后面一层,如图 4-205 和图 4-206 所示。

图4-205   图4-206

STEP27 选择工具箱中的"文字工具" ，选择属性栏中的"将文本更改为垂直方向" ，输入 "waterr", 设置文字属性,字体为"宋体",大小分别为"48pt",如图 4-207 所示。选中文字,单击鼠标右键,在弹 出的快捷菜单中选择【转换为曲线】命令,将文字转为曲线,如图 4-208 所示。填充渐变颜色,其色值为"C16、 M8、Y0、K0 – C0、M0、Y0、K0",如图 4-209 和图 4-210 所示。

图4-207   图4-208

图4-209   图4-210

STEP28　选择"椭圆形工具",绘制两个同心圆,分别填充颜色,其色值为"C92、M36、Y1、K0"和"C38、M11、Y6、K0"到"C88、M36、Y4、K0",如图4-211和图4-212所示。

图4-211

图4-212

STEP29　选择工具箱中的"文字工具"，输入说明文字,设置文字属性,字体为"Arial",大小为"12pt",如图4-213所示。选中文字,单击鼠标右键,在弹出的快捷菜单中选择【转换为曲线】命令,将文字转为曲线。填充渐变颜色,其色值为"C16、M8、Y0、K0 – C0、M0、Y0、K0",如图4-214所示。效果如图4-215所示。

图4-213

图4-214

图4-215

STEP30　选中组成玻璃瓶的所有图形,将其群组之后转换为位图,如图4-216和图4-217所示。然后执行高斯式模糊命令,如图4-218所示。效果如图4-219和图4-220所示。

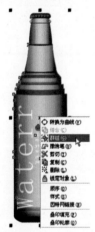

图4-216

图4-217

图4-218

图4-219

图4-220

STEP31　按【Ctrl+G】组合键将上一步得到的整个瓶子群组,并选择属性栏中的"镜像"命令执行镜像处理,如图 4-221 和图 4-222 所示。选中镜像后的图形,执行【位图】→【创造性】→【虚光】菜单命令,如图 4-223、图 4-224 和图 4-225 所示。

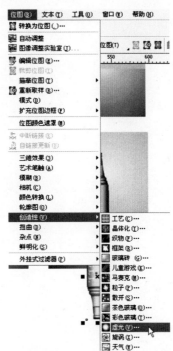

图4-221

图4-222

图4-223

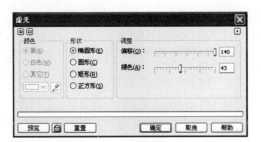
图4-224

图4-225

STEP32　选择工具箱中的"矩形工具"，沿着背景的边缘绘制一个矩形,如图 4-226 和图 4-227 所示。并执行【效果】→【图框精确剪裁】→【放置在容器中】命令,放在合适的位置,得到本案例的最终效果,如图 4-228 所示。

图4-226

图4-227

图4-228

風雲 II

FENG YUN

第5章

药品、保健品包装设计

5.1 基础技术汇讲

　　药品、保健品包装的设计要考虑到商标、图案、色彩、造型、材料等构成要素，在考虑商品特性的基础上，还要遵循品牌设计的一些基本原则，尊重商品特点、烘托整体美感、设计合理化的包装，使各项设计要素搭配协调，相得益彰，以取得最佳的包装设计方案，在不同的形式中汲取营养，尤其对于药品和保健品的设计要给人清新的感觉，创作出既符合大众审美又符合产品特点的优秀包装。

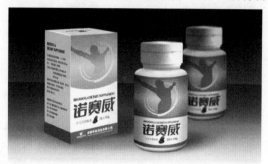
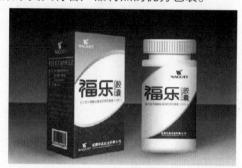

　　独特的色彩整体运用非常重要。产品的包装、视觉识别系统运用整体的色彩，可以让消费者有充分的联想力，增加购买可能性。色彩整体运用上感性联想与理性诉求一定要统一，比如治疗风湿驱寒的产品，设计包装时颜色上尽量不用冷色系，一定要用暖色调，否则容易让消费者对产品产生反感；那么清热去火的药如果用暖色来表现其外包装，那也会让消费者看了不舒服。

　　抽象图形运用得当，以及颜色搭配合适同样可以达到意想不到的效果。如桂林三金集团的西瓜霜润喉片包装，文字简练，图形简洁，其圆形图案分别采用蓝、绿、黄、红几种色块构成，给人以赏心悦目之感，望之即能生津润喉，巧妙地暗合了其功效。下图是几种案例效果。

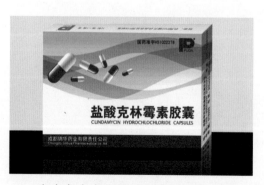

　　在本章中多运用"贝济埃工具"、"椭圆形工具"、"文字工具"、"颜色填充工具"、

"渐变填充工具"  等，利用这些工具，实现几种药品及其保健品包装的绘制，同时运用属性栏中的各种效果，使其更加完美，并获得不同的效果。

常用的填充工具的具体意义和功能如下表所示。

图　标	工具名称	意义和功能
	贝济埃工具	利用该工具可以轻松绘制平滑线条
	椭圆形工具	利用该工具可以绘制相关的圆形图案
	渐变填充工具	利用该工具可以填充各种渐变颜色的图案

5.2 精彩实例荟萃

实例01 绘制钙片包装设计

【技术分析】

钙片商品包装的色彩设计应该刻意突出产品形象，引起消费者的注意。本例中利用基本的造型工具"贝济埃工具" ，完成一个钙片包装的绘制，通过将各部分填充颜色，得到完整的效果。最终效果如图5-1所示。

图5-1

本案例制作过程大概分为三部分。第1部分应用"贝济埃工具" 绘制包装的正面轮廓并填充颜色，如图5-2所示；第2部分应用各种造型工具完成该包装的立体效果，如图5-3所示；第3部分制作阴影及其部分高光，使其更加具有立体感。本案例的最终效果如图5-4所示。

图5-2

图5-3

图5-4

【制作步骤】

STEP01　选择【文件】→【新建】菜单命令或者按【Ctrl+N】组合键，新建一个 A4 大小的文件。

STEP02　选择"矩形工具" ▢，在页面中间绘制一个矩形，将轮廓线填充颜色，色值为"C0、M0、Y0、K100"，如图 5-5 所示。

STEP03　选择"椭圆形工具" ◯，在页面中间绘制椭圆形，填充颜色，色值为"C25、M51、Y96、K0"，如图 5-6 所示。

图5-5

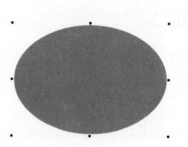

图5-6

STEP04　复制该椭圆形，同比例缩小，如图 5-7 所示，填充渐变颜色，色值为"C91、M37、Y98、K5"、"C64、M2、Y85、K0"，如图 5-8 和图 5-9 所示。

图5-7

图5-8

图5-9

STEP05　选择"文字工具" ▧，输入"高钙片"，填充白色，字体为"经典综艺体简"，如图 5-10 所示，并调整大小，如图 5-11 所示。

图5-10

图5-11

STEP06 继续选择"文字工具"⊙,输入"双歧因子"及其汉语拼音,填充白色,字体为"宋体"并调整大小,如图 5-12 和图 5-13 所示。将其放在相应位置,如图 5-14 和图 5-15 所示。

图5-12

图5-13

图5-14

图5-15

STEP07 选择"贝济埃工具"⊠,绘制不规则图形,如图 5-16 所示。分别将其填充颜色,色值为"C2、M33、Y95、K0"、"C0、M91、Y96、K0",放在相应位置,如图 5-17 和图 5-18 所示。

图5-16

图5-17

图5-18

STEP08 继续选择"文字工具"⊙,输入"青幼儿型",填充颜色为"C0、M60、Y80、K0",字体为"经典细空艺",如图 5-19 所示。调整其大小,放在相应位置,如图 5-20 所示。

图5-19

图5-20

STEP09 继续选择"文字工具"⊙,输入"生态美",填充颜色为"C0、M0、Y0、K100",字体为"文鼎花瓣体",如图 5-21 和图 5-22 所示。

图5-21

图5-22

STEP10 选择"贝济埃工具"⊠,绘制不规则图形,将"生态美"连接在一起,选中文字"生态美",单击鼠标右键,在弹出的快捷菜单中选择【转换为曲线】命令,将文字转换为曲线,如图 5-23 和图 5-24 所示。

图5-23

图5-24

STEP11　选中两个图形，执行"焊接"命令，如图5-25所示，得到的效果如图5-26所示。

图5-25

图5-26

STEP12　为图形添加渐变颜色，色值为"C31、M71、Y2、K0"、"C16、M95、Y36、K0"，如图5-27和图5-28所示，得到的效果如图5-29所示。

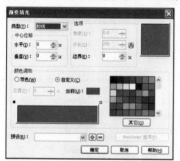

图5-27

图5-28

图5-29

STEP13　选择"矩形工具"□绘制一个矩形，执行"透视变形"效果，填充渐变颜色为"C91、M37、Y98、K5"、"C80、M15、Y91、K0"，将此矩形作为包装盒的侧面，如图5-30和图5-31所示。

图5-30

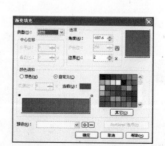

图5-31

STEP14　继续选择"矩形工具" ▫ 绘制一个矩形，执行【效果】→【添加透视】菜单命令，添加透视变形效果。复制文字并执行【效果】→【添加透视】菜单命令，执行透视变形，如图 5-32 和图 5-33 所示。

图5-32

图5-33

STEP15　执行【文件】→【导入】菜单命令，导入素材文件 /ch05/5-2-1/5-001，如图 5-34 所示；添加条形码，如图 5-35 所示；适当变形，如图 5-36 所示；放在相应位置，如图 5-37 所示。

图5-34

图5-35

图5-36

图5-37

STEP16 按照上述方法继续绘制矩形，填充颜色为"C69、M4、Y81、K0"，复制正面图案并添加透视变形，如图 5-38 和图 5-39 所示；将其作为包装盒的顶部，得到的效果如图 5-40 所示。

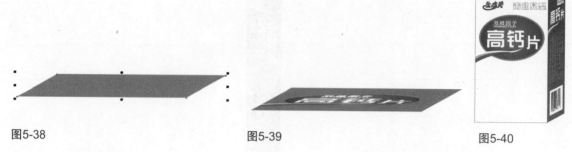

图5-38   图5-39   图5-40

STEP17 继续添加文字，如图 5-41 和图 5-42 所示。

把握成长机会
北京生态美生物技术有限公司

图5-41   图5-42

STEP18 执行【文件】→【导入】菜单命令，导入素材文件 /ch05/5-2-1 中的"5-002"，添加卡通图案，如图 5-43 所示，放在相应位置，如图 5-44 所示。

图5-43   图5-44

STEP19 选择"矩形工具"绘制一个矩形，填充渐变颜色，其色值为"C100、M100、Y100、K100-C88、M53、Y51、K49- C74、M2、Y2、K1"，如图 5-45 和图 5-46 所示。将钙片的包装放在中间位置，如图 5-47 所示。

图5-45   图5-46   图5-47

STEP20　选中包装盒相关的所有图形,按【Ctrl+G】组合键群组,并按【Ctrl+C】【Ctrl+V】组合键复制该包装,选择属性栏中的"镜像"按钮,执行"镜像"效果,如图5-48和图5-49所示。

图5-48

图5-49

STEP21　选中镜像后的包装,执行【位图】→【转换为位图】菜单命令,如图5-50所示,属性设置如图5-51所示。执行【位图】→【模糊】→【动态模糊】菜单命令,如图5-52和图5-53所示。得到的效果如图5-54所示。

图5-50

图5-51

图5-52

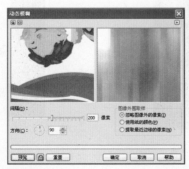

图5-53

图5-54

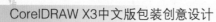
STEP22　选择"矩形工具" ⬚，沿着背景的下边缘绘制一个矩形，如图5-55所示。执行【效果】→【图框精确剪裁】→【放置在容器中】菜单命令，如图5-56和图5-57所示。

图5-55

图5-56

图5-57

STEP23　继续选择"矩形工具" ⬚，沿着背景的下边缘及包装的宽度绘制另一个矩形，填充颜色为"C20、M15、Y5、K68"，如图5-58所示。选择"交互式透明工具" ⬚，如图5-59所示，属性设置如图5-60所示，得到的最终效果如图5-61所示。

图5-58

图5-59

图5-60　　　　　　　　　　　　图5-61

实例02　药品包装设计

【技术分析】

　　药品包装的设计应注意使用的颜色要安全、健康。本例中利用基本的造型工具"贝济埃工具" ，完成一种药品包装的绘制，通过将各部分填充颜色，得到的最终效果如图5-62所示。

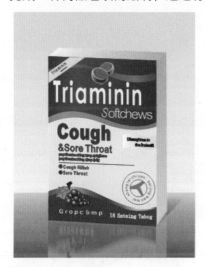

图5-62

　　本案例制作过程大概分为三部分。第1部分应用"贝济埃工具" 绘制包装的图案，如图5-63和图5-64所示；第2部分应用各种造型工具绘制包装上的图案，如图5-65所示；第3部分继续完善图案并增加其立体感，得到本案例的最终效果，如图5-66所示。

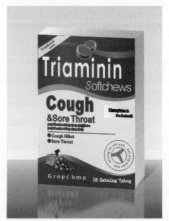

图5-63　　　　　　　图5-64　　　　　　　图5-65　　　　　　　图5-66

【制作步骤】

STEP01　选择【文件】→【新建】菜单命令或者按【Ctrl+N】组合键,新建一个 A4 大小的文件。

STEP02　选择"矩形工具" ⬜,在页面中间绘制一个矩形,填充轮廓颜色,色值为"C4、M4、Y4、K0",如图 5-67 和图 5-68 所示。

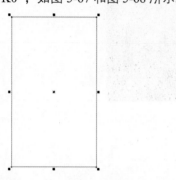

图5-67　　　　　　　　　　　　　　　　　图5-68

STEP03　选择"贝济埃工具" 🖊 绘制一个不规则图形,填充渐变颜色,色值为"C96、M77、Y4、K0"、"C90、M34、Y3、K0",如图 5-69 和图 5-70 所示。

图5-69　　　　　　　　　　　　　　　　　图5-70

STEP04　复制上一步的不规则图形,并适当缩小,填充渐变颜色,色值为"C71、M2、Y6、K0"、"C40、M0、Y9、K0",如图 5-71 和图 5-72 所示,并将其放在矩形上端位置,如图 5-73 所示。

图5-71　　　　　　　　　　　图5-72　　　　　　　　　　　图5-73

STEP05　选择"贝济埃工具" 🖊 继续绘制不规则图形,如图 5-74 所示;并按【Ctrl+C】、【Ctrl+V】组合键复制该图形,调整节点,效果如图 5-75 所示。

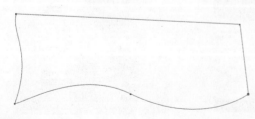 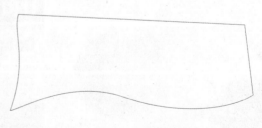

图5-74　　　　　　　　　　　　　　　　　图5-75

STEP06 选中两个图形，执行属性栏中的"前减后"，如图 5-76 所示，得到一个新图形，如图 5-77 所示。

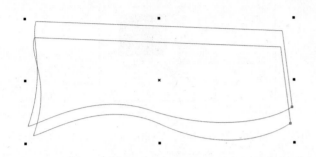

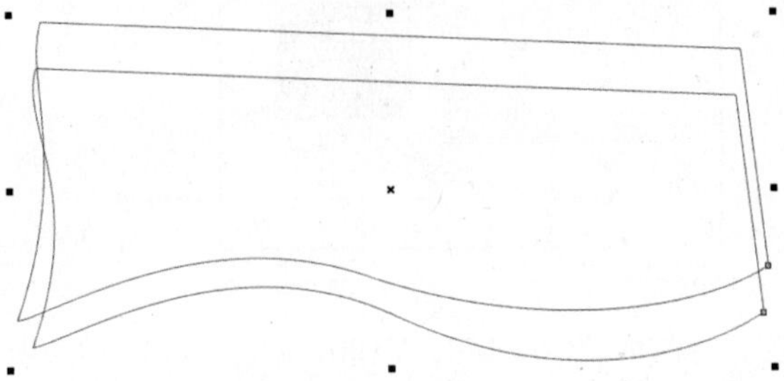

图5-76

图5-77

STEP07 为上一步得到的不规则图形填充渐变颜色，色值为"C96、M77、Y4、K0"、"C71、M2、Y6、K0"，如图 5-78 和图 5-79 所示。将其放在适当的位置，如图 5-80 所示。

图5-78

图5-79

图5-80

STEP08 继续选择"贝济埃工具" 来绘制一个不规则图形，填充颜色，其色值为"C60、M84、Y13、K0"，如图 5-81 所示；复制该图案，并调整节点，填充渐变颜色，色值为"C60、M84、Y13、K0"、"C16、M18、Y7、K0"，如图 5-82 和图 5-83 所示。将其放在相应位置，如图 5-84 所示。

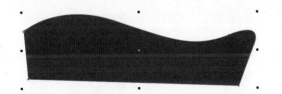

图5-81

图5-82

图5-83

图5-84

STEP09 选择"贝济埃工具" 绘制一个不规则图形，填充渐变颜色，色值为"C0、M0、Y0、K0"、"C0、M0、Y100、K0"，如图 5-85 和图 5-86 所示。

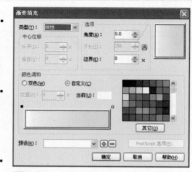

图5-85　　　　　　　　　　　　　　　　　　　图5-86

STEP10　选择"矩形工具" 📄绘制一个矩形，填充颜色，色值为"C0、M0、Y100、K0"，如图 5-87 所示。选择工具箱中的"挑选工具" 🔧，选中该矩形，适当旋转角度后放在合适的位置，如图 5-88 所示。

图5-87　　　　　　　　　　　　　　　　　　　图5-88

STEP11　选择"椭圆形工具" ◎绘制一个圆形，填充轮廓颜色，色值为"C47、M61、Y2、K0"，如图 5-89 所示。复制该圆环，选中一个圆环，按住【Shift】键，拖动动鼠标将其同心缩小，如图 5-90 所示。将其放在合适的位置，如图 5-91 所示。

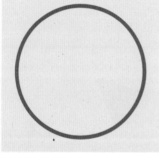 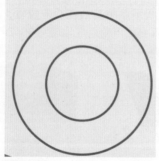 

图5-89　　　　　　　　　　　图5-90　　　　　　　　　　　图5-91

STEP12　选择"椭圆形工具" ◎绘制一个圆形，填充渐变颜色，色值为"C99、M99、Y26、K2 – C60、M84、Y13、K0- C0、M0、Y0、K0"，如图 5-92 和图 5-93 所示。复制若干个圆形，选中复制的圆形，等比例缩小一些，重复上述操作若干次，得到葡萄的效果图，如图 5-94 所示。

图5-92　　　　　　　　　　　图5-93　　　　　　　　　　　图5-94

STEP13　选择"贝济埃工具" 绘制一个不规则图形，填充颜色，色值为"C33、M0、Y97、K0"，其轮廓线颜色为"C88、M52、Y92、K25"，如图 5-95 所示。继续绘制叶脉部分，同样填充颜色，色值为"C88、M52、Y92、K25"，如图 5-96 所示。将其放在葡萄果实的后面，如图 5-97 所示。

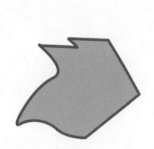

图5-95　　　　　　　　　　　　图5-96　　　　　　　　　　　　图5-97

STEP14　选择"椭圆形工具" 绘制一个椭圆形，填充颜色，色值为"C40、M54、Y9、K0"，其轮廓色值为"C88、M52、Y92、K25"，如图 5-98 所示。继续绘制不规则图形，填充渐变颜色为"C70、M97、Y21、K1"、"C15、M25、Y3、K0"，如图 5-99 和图 5-100 所示。

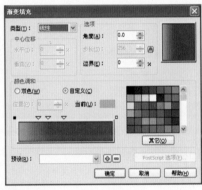

图5-98　　　　　　　　　　　　图5-99　　　　　　　　　　　　图5-100

STEP15　继续绘制不规则图形，填充颜色，色值为"C0、M0、Y0、K0"，执行【位图】→【转换为位图】命令，如图 5-101、图 5-102 和图 5-103 所示。

图5-101　　　　　　　　　　　图5-102　　　　　　　　　　　图5-103

STEP16　对上一步得到的图形执行【位图】→【转换为位图】命令，如图 5-104 所示。之后执行【位图】→【模糊】→【高斯式模糊】命令，如图 5-105、图 5-106 和图 5-107 所示。

图5-104

图5-105

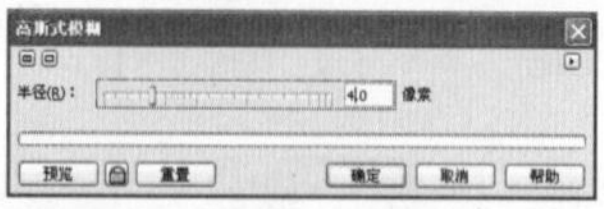

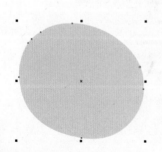

图5-106

图5-107

STEP17   绘制一条线段,旋转角度,执行【位图】→【模糊】→【高斯式模糊】命令,放在药片的中间位置,如图 5-108 和图 5-109 所示。

图5-108

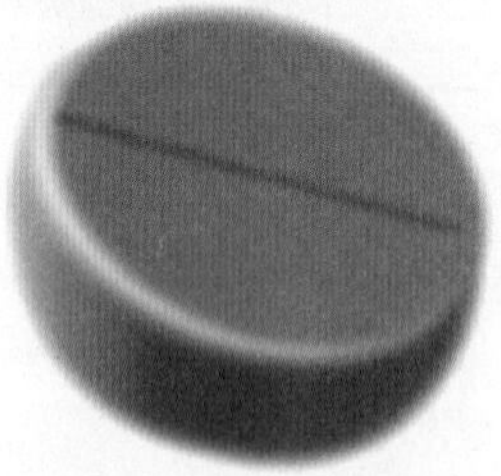

图5-109

STEP18   选择"贝济埃工具" 勾勒药片的轮廓,填充颜色,色值为"C14、M8、Y7、K0",执行【位图】→【转换为位图】和【位图】→【模糊】→【高斯式模糊】菜单命令,如图 5-110、图 5-111 和图 5-112 所示。将该图形放在药片的下面为其添加阴影,如图 5-113 所示,选中药片及阴影,按【Ctrl+G】组合键将其群组,群组之后进行复制,选中复制的图形,单击属性栏中的"镜像"按钮执行镜像效果,将图形缩小一些,然后按【Ctrl+Page Down】组合键将其放置在原药片所在图层的后面,如图 5-114 所示。

图5-110

图5-111

图5-112

图5-113

图5-114

STEP19 选择"文字工具" ，沿紫色圆环输入路径文字，设置文字属性，字体为"Arial"，大小为"11.96pt"，填充颜色，色值为"C35、M44、Y2、K0"，如图 5-115 和图 5-116 所示。

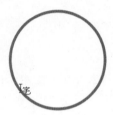

图5-115

图5-116

STEP20 选择"贝济埃工具" 绘制不规则图形，填充颜色，色值为"C35、M44、Y2、K0"，如图5-117和图5-118所示。

图5-117

图5-118

STEP21 选择"文字工具" 输入文字，字体为"Futura Md BT"，大小为"13.117pt"填充黑色，如图 5-119 和图 5-120 所示。继续输入文字，字体为"Arial"，大小为"84.5pt"，填充白色，如图 5-121 和图 5-122 所示。

图5-119

图5-120

图5-121

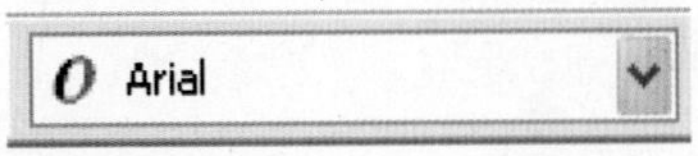

图5-122

STEP22　选择"文字工具"![]输入文字，设置文字属性，字体为"Arial"，大小为"10.8pt"，填充黑色，如图 5-123 和图 5-124 所示。继续输入文字，设置文字属性，字体为"Arial Black"，大小为"59.9pt"，填充颜色，其色值为"C47、M61、Y2、K0"，如图 5-125 和图 5-126 所示。

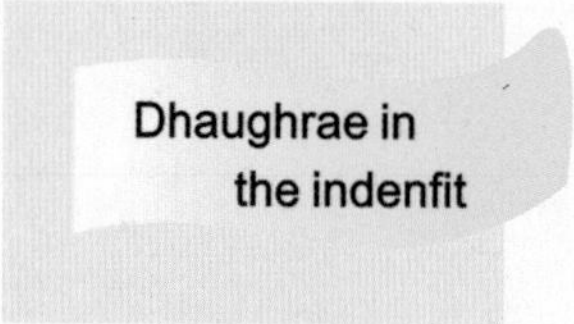

图5-123

图5-124

图5-125

图5-126

STEP23　选择"贝济埃工具"![]绘制一条线段，填充颜色，其色值为"C47、M61、Y2、K0"，如图 5-127 和图 5-128 所示。

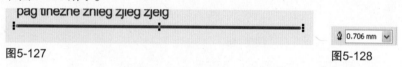

图5-127

图5-128

STEP24　选择"基本形状工具"![]中的"十字形"，绘制一个十字，如图 5-129 所示。填充颜色，其色值为"C62、M89、Y18、K0"，复制该十字，如图 5-130 和图 5-131 所示。

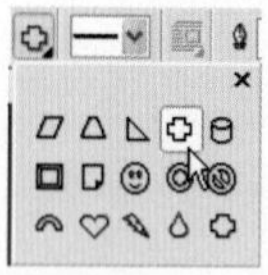

图5-129 　　　　　　图5-130

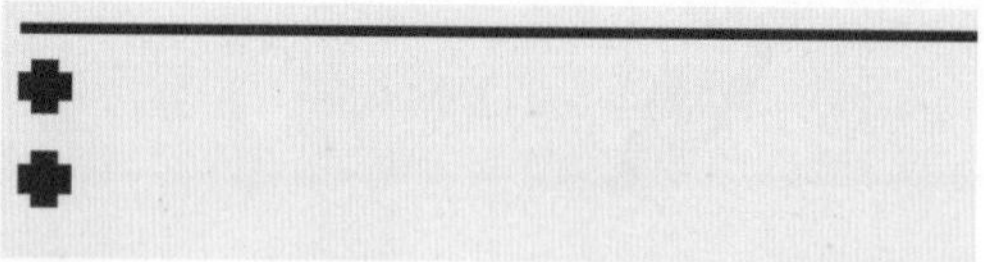

图5-131

STEP25　选择"文字工具"![]输入文字，设置文字属性，字体为"Arial Black"，大小为"14.43pt"，填充颜色，其色值为"C62、M89、Y18、K0"，如图 5-132 所示。

STEP26　选中包装的整体，按【Ctrl+G】组合键群组，执行【效果】→【图框精确剪裁】→【放置在容器中】菜单命令，如图 5-133 和图 5-134 所示，效果如图 5-135 所示。

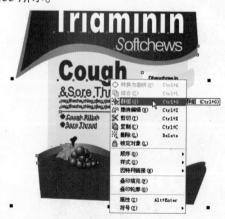

图5-132

图5-133

图5-134

图5-135

STEP27　选择"矩形工具" ▢ 绘制一个矩形，添加透视，之后填充渐变颜色，色值从"C0、M0、Y100、K0"到"C19、M26、Y2、K0"，如图5-136和图5-137所示。复制此矩形之后旋转"90°"，调整渐变色，色值为"C0、M0、Y100、K0-C19、M26、Y2、K0"，如图5-138和图5-139所示，得到的包装效果，如图5-140所示。

图5-136

图5-137

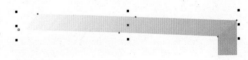

图5-138

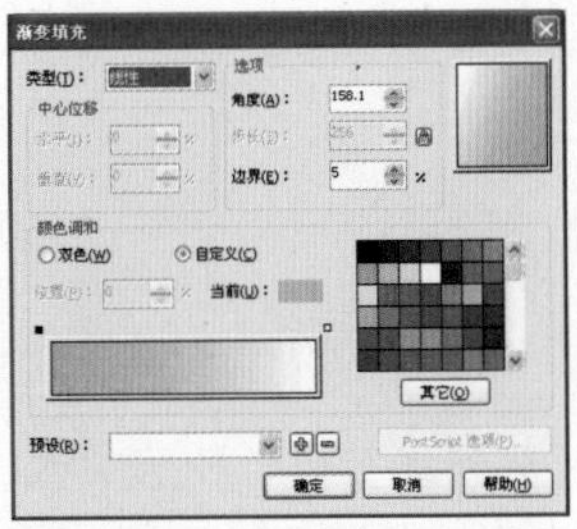

图5-139

图5-140

STEP28　选择"矩形工具"□绘制一个矩形，填充渐变颜色，色值从"C0、M0、Y0、K10"到"C0、M0、Y0、K0"，如图5-141和图5-142所示。继续绘制矩形，填充渐变颜色，色值从"C0、M0、Y0、K60"到"C0、M0、Y0、K10"，如图5-143和图5-144所示。

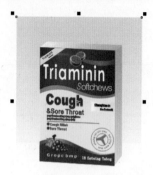

图5-141

图5-142

图5-143

图5-144

STEP29　选中第27步得到的包装的所有部分，按【Ctrl+G】组合键将其群组，按【Ctrl+C】和【Ctrl+V】组合键将其复制，单击属性栏中的"镜像"按钮执行镜像效果，然后执行【位图】→【模糊】→【高斯式模糊】命令，得到本包装的倒影效果，如图5-145所示。继续选择"贝济埃工具"绘制一个不规则图形，填充渐变色，色值从"C0、M0、Y0、K50"到"C0、M0、Y0、K30"，添加阴影部分，得到本案例的最终效果，如图5-146所示。

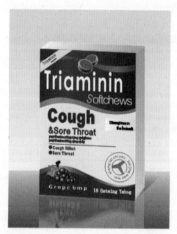

图5-145

图5-146

实例03　保健品包装设计

【技术分析】

保健品包装的设计也要注意表现健康与活力。本例中利用基本的造型工具"贝济埃工具"及"文字工具"完成一种保健品包装的设计，通过将各部分填充颜色，并进行相应的变化，添加不同的效果，得到的最终效果如图5-147所示。

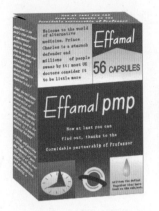

图5-147

本案例制作过程大概分为三部分。第1部分绘制包装的正面，如图5-148所示；第2部分增加其立体效果，如图5-149所示；第3部分制继续完善图案并增加其立体感，得到本案例的最终效果，如图5-150所示。

图5-148　　　　　　　　　图5-149　　　　　　　　　　图5-150

【制作步骤】

STEP01　选择【文件】→【新建】菜单命令或者按【Ctrl+N】组合键，新建一个 A4 大小的文件。

STEP02　选择"矩形工具" ，在页面中间绘制一个矩形，填充颜色，色值为"C9、M100、Y96、K0"，如图 5-151 所示。继续绘制矩形，如图 5-152 所示。填充渐变色"C0、M20、Y100、K0"到白色，如图 5-153 和图 5-154 所示。

图5-151　　　　　　　　图5-152　　　　　　　　图5-153　　　　　　　　图5-154

STEP03　选择"文字工具" ，设置文字属性，字体为"Times Roman"，大小为"8pt"，在左上角输入本案例的说明文字，填充颜色的色值为"C9、M100、Y96、K0"，选中文字，单击鼠标右键，选择【转化为曲线】命令，如图 5-155 和图 5-156 所示。

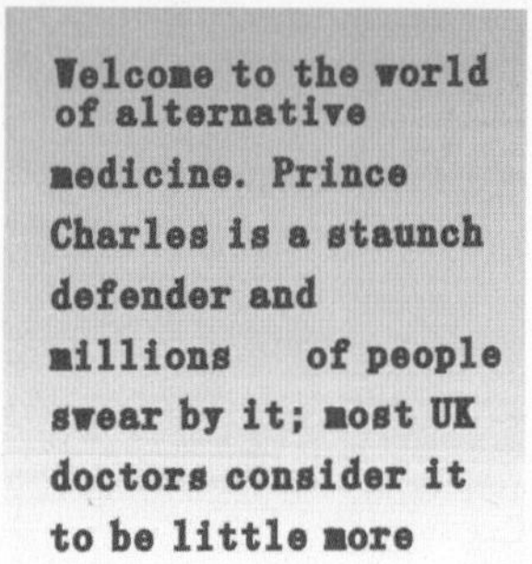

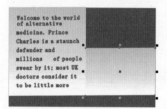

图5-155

图5-156

STEP04 选择"矩形工具" ，继续绘制矩形，如图 5-157 所示。选中该矩形，单击鼠标右键，选择【转化为曲线】命令将其转换为曲线，调节节点，如图 5-158 和图 5-159 所示。

图5-157

图5-158

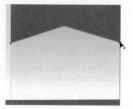

图5-159

STEP05 选择"文字工具" ，输入文字内容，设置文字属性，字体为"宋体"，大小为"18pt"，填充色的色值为"C9、M100、Y96、K0"，如图 5-160 和图 5-161 所示。继续输入文字，设置文字属性，字体为"BernhardFashion BT"，大小为"21.1pt"，如图 5-162 和图 5-163 所示。

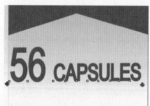

图5-160

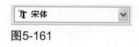

图5-161

图5-162

图5-163

STEP06 继续输入文字，如图 5-164 所示。设置文字属性，字体为"Arial"，大小为"46.427pt"，如图 5-165 所示。另一组文字属性：字体为"BernhardFashion BT"，大小为"46.427pt"，如图 5-166 和图 5-167 所示。

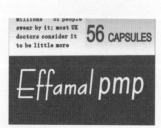

图5-164

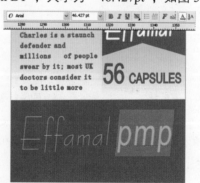

图5-165

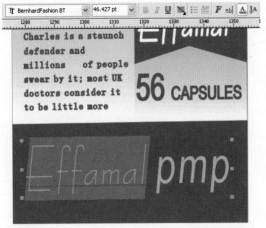

图5-166

图5-167

STEP07　继续选择"文字工具" ，输入文字，设置文字属性，字体为"Times Roman"，大小为"8pt"，如图 5-168 和图 5-169 所示。

图5-168

图5-169

STEP08　绘制一个矩形，填充渐变色，如图 5-170 所示。选择"贝济埃工具" ，绘制一个水滴图形，填充渐变色，色值为"C13、M42、Y96、K0"到白色，如图 5-171、5-172 和图 5-173 所示。按照上述方法输入文字，如图 5-174 所示。

图5-170

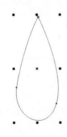

图5-171

图5-172

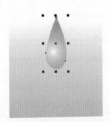

图5-173

图5-174

STEP09　选择"椭圆形工具" 绘制一个圆形，填充颜色，色值为"C0、M100、Y100、K0"，如图 5-175 所示，继续绘制圆形，填充色的色值为"C0、M0、Y100、K0"，如图 5-176 所示。

图5-175 图5-176

STEP10 选择"椭圆形工具"◙绘制两个同心圆，如图 5-177 所示，运用图形间的运算"后减前"得到一个圆环，如图 5-178 所示。

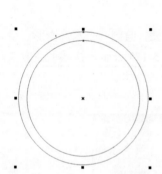

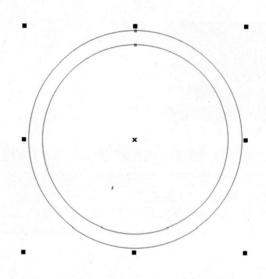

图5-177 图5-178

STEP11 选择"矩形工具"▢绘制一个矩形并旋转角度，如图 5-179 和图 5-180 所示，运用图形间的运算，选择属性栏中的"后减前"，得到一个新的图形，填充颜色"C0、M40、Y0、K0"，如图 5-181 和图 5-182 所示。

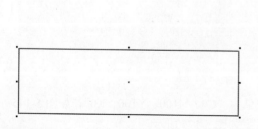

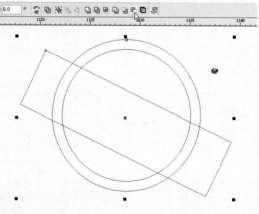

图5-179 图5-180

图5-181

图5-182

STEP12 选择"贝济埃工具" 绘制一个不规则图形，填充颜色"C27、M100、Y98、K0"，并放置到合适的位置，如图 5-183 和图 5-184 所示。

图5-183

图5-184

STEP13 选择"矩形工具" 绘制一个矩形，填充渐变色从"C0、M100、Y96、K0"到"C10、M51、Y10、K0"，如图 5-185 和图 5-186 所示。

图5-185

图5-186

STEP14 选择"椭圆形工具" 绘制一个椭圆，如图 5-187 所示。填充渐变色从"C0、M20、Y100、K0"到"C0、M0、Y0、K0"，如图 5-188 和图 5-189 所示。

图5-187

图5-188

图5-189

STEP15 绘制一条线段，如图 5-190 所示，其宽度为"0.353mm"，填充色的色值为"C0、M0、Y0、K80"，如图 5-191 所示。打开泊物窗变化对话框，选择【变换】→【旋转】菜单命令，参数设置如图 5-192 所示。得到表盘的效果如图 5-193 和图 5-194 所示。

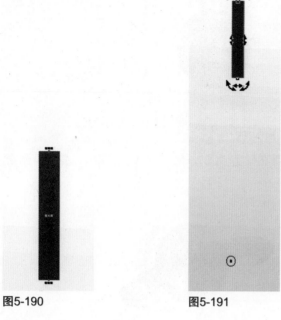

图5-190 图5-191 图5-192

图5-193

图5-194

STEP16 绘制两个三角形，如图 5-195 和图 5-196 所示，分别填充颜色"C9、M100、Y96、K80"和"C4、M96、Y82、K0"，如图 5-197 和图 5-198 所示。

STEP17 选中整个包装的正面，按【Ctrl+G】组合健将其组合，选择【效果】→【添加透视】菜单命令，如图 5-199 所示。

图5-195

图5-196

图5-197

图5-198 图5-199

STEP18　选择"矩形工具" 绘制一个矩形，添加透视后填充颜色，其色值为"C3、M76、Y40、K0"，效果如图 5-200 所示，之后添加说明文字。然后将其作为包装盒的侧面，如图 5-201 所示。

图5-200

图5-201

STEP19　按着上述方法添加包装的顶部，如图 5-202 和图 5-203 所示。

图5-202

图5-203

STEP20　选择"贝济埃工具" 绘制一个不规则图形，如图 5-204 所示，将其转换为位图并添加高斯式模糊效果。按【Shift+Page Down】组合健将其放在向后一层得到包装盒左上部缝隙的阴影效果，如图 5-205 和图 5-206 所示。

图5-204

图5-205

图5-206

STEP21　执行【文件】→【导入】菜单命令,导入光盘 / 素材文件 /ch05/5-2-3/5-001,导入连接文件的瓶子,如图 5-207 所示。绘制一个不规则图形，将其放置在容器中，如图 5-208 所示。

图5-207

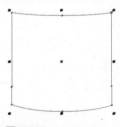

图5-208

STEP22　选择"贝济埃工具" 绘制侧面的包装轮廓，填充颜色，色值为"C9、M100、Y96、K0"，继续选择"文字工具" ，输入文字，设置文字属性，字体为"Times Roman"，大小为"8pt"。执行【效果】→【添加透视】菜单命令后，将文字放在图形中间，如图 5-209 和图 5-210 所示。将图形相拼合得到一个圆形的标签，将它放在瓶子的中间位置，如图 5-211 和图 5-212 所示。

图5-209

图5-210

图5-211

图5-212

STEP23 将瓶装与盒装组合到一起，得到本案例的最终效果，如图 5-213 所示。

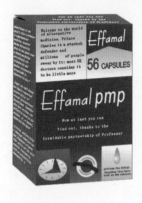

图5-213

風雲 II

FENG YUN

第6章

化妆品包装设计

6.1 基础技术汇讲

　　高贵的生活用品越来越被不同的国度、不同的民族所青睐，其包装也越来越占有重要的地位。例如，法国高档香水或化妆品，其包装的设计不仅要有神奇的魅力、不可思议的气氛，而且要显示出巴黎的浪漫情调。这类产品无论包装型体或色彩，都应设计得优雅大方；豪华的外表，精致美观的设计，彰显出雍容华贵的气势，是化妆品包装设计永恒的主题。

　　化妆品作为一种时尚消费品，其本身优质的包装材料，也用以提升身价。玻璃、塑料、金属3种材料，是当前主要使用的化妆品包装容器材料。当前世界各国对化妆品包装容器的开发重点是，研制新材料和新的加工技术，追求新的造型，从而突出商品的新颖与高雅。

　　如果按其性质来分，那么金属材质是彩妆包装容器的主要材料之一，大多供口红、粉饼这些包装使用。口红一般分为圆形和方形两种，高度为5cm左右，直径1.5cm左右；粉饼的重量一般在10g左右，其规格一般为：8cm×8gm×1cm。

　　真空袋（瓶）的各式精细容器在现在化妆品包装中已不再陌生。为了保护含有松香油、维他命成分的护肤品，真空护肤品包装系统脱颖而出。这种包装有很多优点：保护性强，弹力恢复性高，方便高粘度护肤乳的使用，并以其高科技特征提升产品档次。目前通行的真空系统是由椭圆体容器加一个安置其中的活塞组成，既方便又快捷，是目前比较人性化的化妆品包装设计之一。

　　作为显示身份的香水来说，玻璃容器无疑是它的首选了，其规格也是按容积来划分的，从小到大分为：迷你型（1.5ml～25ml）、小型包装（30ml）、中型包装（50ml、75ml）、大包装（100ml）。香水瓶的色彩对于香水味道的表现起着至关重要的作用，如大卫杜夫冷水系列以海洋为创意蓝本，设计出清新、蔚蓝、自然的风格；Cool Water女香的瓶身更加修长简洁，包装造型以水滴为雏形，水晶瓶内装着的是幽静的水，仿佛清冽的山泉，银色的标志体现着低调的品位，恰如其分地体现了Cool Water的灵魂。

　　最为常见的塑料材料的护肤品包装可以选择任何可想象的色彩和从改进瓶盖的设计入手，拥有新型色彩效果的塑料包装的创新使用、外观设计与新颖的标签设计都能够吸引消费者的眼球。

在本章中多运用基本的造型工具，实现几种化妆品包装的绘制，同时将其填充不同的颜色，添加各种效果后获得不同的质感。

常用工具的具体意义和功能如下表所示。

图　标	工具名称	意义和功能
	贝济埃工具	利用该工具可以轻松绘制平滑线条
	椭圆形工具	利用该工具可以绘制相关的圆形图案
	矩形填充	利用该工具可以绘制相关的矩形图案

6.2 精彩实例荟萃

实例01 绘制高档日霜包装

【技术分析】

本例中利用基本的造型工具"贝济埃工具" ，同时结合一些特效，完成高档日霜包装瓶的设计制作，得到的最终效果如图6-1所示。

本例的制作流程分两部分。第1部分应用"基本形状工具" 绘制包装的基本轮廓并填充颜色，如图6-2所示；第2部分应用"贝济埃工具" 添加玻璃质感的效果，输入文字并填充颜色，得到本案例的最终效果如图6-3所示。

图6-1　　　　　　　　　　　图6-2　　　　　　　　　　　图6-3

【制作步骤】

STEP01　选择【文件】→【新建】菜单命令或者按【Ctrl+N】组合键，新建一个240mm×240mm大小的文件。

STEP02　选择"基本形状工具" 中的梯形工具，绘制一个梯形，如图6-4和图6-5所示，按【Ctrl+Q】组合键将其转换为曲线，如图6-6所示，调整节点，得到该包装的瓶盖，如图6-7所示。

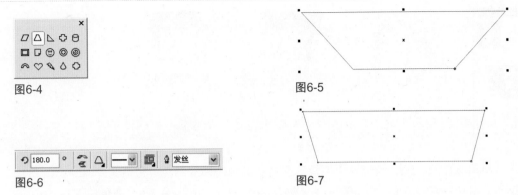

图6-4

图6-5

图6-6

图6-7

STEP03 继续选择"基本形状工具" 中的梯形工具，绘制一个梯形，如图6-8 所示，调整节点得到包装的基本轮廓，如图 6-9 所示。

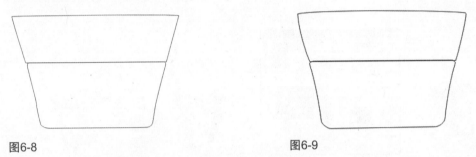

图6-8

图6-9

STEP04 为瓶盖填充渐变颜色，颜色设置为"C100、M20、Y0、K100"，效果如图 6-10 所示。选择"互动式透明工具" ，在属性栏中选择标准，透明度为"50"。瓶身颜色色值为"C10、M0、Y0、K0"，如图 6-11 所示。单击轮廓工具组里的"无轮廓"按钮 去掉轮廓线，如图 6-12 所示。

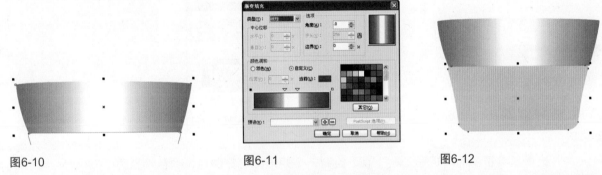

图6-10

图6-11

图6-12

STEP05 选择"贝济埃工具" ，绘制一个不规则图形作为瓶盖的暗部，如图 6-13 所示。填充渐变颜色，色值为"C94、M92、Y18、K0 – C93、M82、Y11、K3 – C90、M69、Y2、K0 – C0、M0、Y0、K20 – C0、M0、Y0、K0 – C0、M0、Y0、K20 – C90、M69、Y2、K0 – C94、M92、Y18、K0"，如图 6-14 和图 6-15 所示。

STEP06 选择【排列】→【顺序】→【放在后一层】菜单命令或者按【Ctrl+Page Down】组合键将其放在其他图层的后面，如图 6-16 所示。

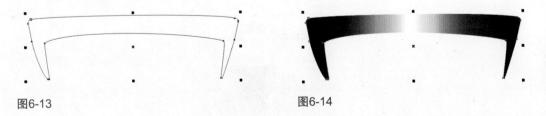

图6-13

图6-14

图6-15

图6-16

STEP07　继续选择"贝济埃工具" ，绘制一个不规则图形将其填充渐变颜色，色值为"C0、M0、Y0、K20 – C0、M0、Y0、K80 – C0、M0、Y0、K10 – C85、M65、Y41、K24 – C82、M63、Y19、K1 – C0、M0、Y0、K0 – C0、M0、Y0、K10 – C0、M0、Y0、K90"，如图 6-17 和图 6-18 所示，并将其选择【排列】→【顺序】→【放在后一层】菜单命令或者按【Ctrl+Page Down】组合键，并将其放在透明图层的后面，如图 6-19 所示。

图6-17

图6-18

图6-19

STEP08　继续绘制不规则图形，为瓶身填充渐变颜色，颜色设置为"C20、M20、Y0、K0"，如图 6-20 和图 6-21 所示。

图6-20

图6-21

STEP09　选择工具箱中的"矩形工具" ，绘制一个矩形，填充颜色，颜色设置为"C20、M20、Y0、K100"，如图 6-22 所示。

STEP10　选中上一步得到的矩形，选择【位图】→【转换为位图】和【位图】→【模糊】→【高斯式模糊】菜单命令，之后选择【效果】→【图框精确剪裁】→【放置在容器中】菜单命令，如图 6-23 所示。

图6-22

图6-23

STEP11　选择"贝济埃工具" ，绘制不规则图形，并选择"渐变填充工具" ■或按快捷键【F10】在弹出的渐变填充窗口中填充渐变颜色，渐变色为"C84、M73、Y73、K91—C95、M92、Y28、K16—C40、M0、Y0、K0—C40、M0、Y0、K0—C95、M92、Y28、K16—C84、M73、Y73、K91"，如图6-24 和图6-25 所示。

图6-24　　　　　　　　　　　　　　　　　图6-25

STEP12　复制上一步得到的图形，选择"形状工具"调整节点，之后选择"渐变填充" ■，渐变色为"C84、M73、Y73、K91—C95、M92、Y28、K16—C40、M0、Y0、K0—C100、M20、Y0、K0—C100、M20、Y0、K0—C95、M92、Y28、K16—C84、M73、Y73、K91"，如图 6-26 和图 6-27 所示。

图6-26　　　　　　　　　　　　　　　　　图6-27

STEP13　选择"贝济埃工具" ，绘制不规则图形，填充颜色，其色值为"C0、M0、Y0、K100"，如图 6-28 所示。

图6-28

STEP14　选择"文字工具" ，输入文字"LANCEMOVE"，设置文字属性，字体为"Century Gothic"，大小为"36pt"，填充颜色，其色值为"C10、M0、Y0、K0"，如图 6-29 所示。继续输入文字，填充色值为"C15、M29、Y93、K0"，如图 6-30 所示。选中所有的文字，按组合键【Ctrl+Q】将文字转换为曲线，得到该包装的整体效果，如图 6-31 所示。

图6-29　　　　　　　　　　图6-30　　　　　　　　　　图6-31

STEP15　选中整个包装，单击鼠标右键，在弹出的菜单中选择【群组】菜单命令或者按【Ctrl+ G】组合键群组。复制该图形，选中复制后的图形，在属性栏中选择"镜像"命令，执行镜像效果后选择【位图】→【转换为位图】菜单命令，效果如图 6-32 和图 6-33 所示。

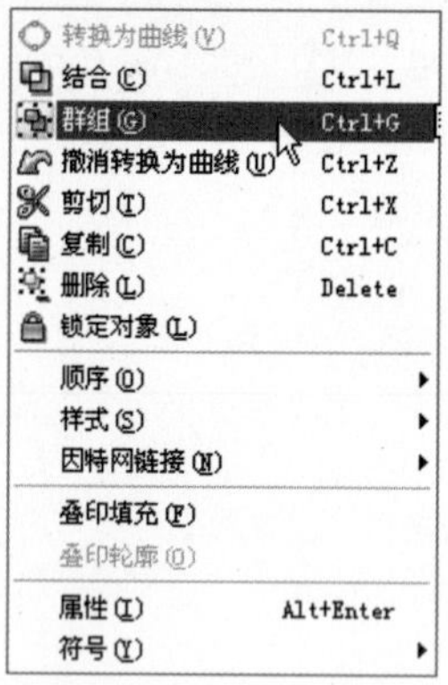

图6-32

图6-33

STEP16 选择"互动式透明工具"进行透明设置，为其添加投影部分，如图 6-34 所示。本案例的最终效果如图 6-35 所示。

图6-34

图6-35

实例02 绘制高档唇膏包装

【技术分析】

本例中利用基本的造型工具"贝济埃工具"并结合填充颜色、特殊效果的运用，完成一组高档唇膏的包装制作，最终效果如图6-36所示。

本例的制作流程分三部分。第1部分应用"基本形状工具"绘制包装的基本轮廓并填充颜色，如图6-37所示；第2部分应用"贝济埃工具"绘制唇膏的另一种效果，如图6-38所示；第3部分将绘制的包装组合，并导入素材的水珠效果。本案例的最终效果如图6-39所示。

图6-36

图6-37

图6-38

图6-39

【制作步骤】

STEP01 选择【文件】→【新建】菜单命令或者按【Ctrl+N】组合键，新建一个 A4 大小的文件。

STEP02 选择"椭圆形工具" 绘制一个椭圆形，选中椭圆，按【Ctrl+N】组合键，将椭圆转化为曲线，如图 6-40 所示，调整得到唇膏的轮廓，如图 6-41 所示。

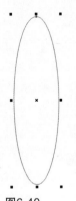

图6-40

图6-41

STEP03 选择上一步得到的轮廓图，色值为"C92、M85、Y51、K18 – C11、M8、Y8、K0 – C0、M0、Y0、K0 – C9、M7、Y7、K0 – C0、M0、Y0、K0 – C13、M9、Y9、K0 – C96、M93、Y29、K4"，之后选择轮廓工具组中的"无轮廓"去掉轮廓色，如图 6-42 和图 6-43 所示。

图6-42

图6-43

STEP04 选择上一步得到的图案复制两个，将其颜色设置为"C96、M95、Y49、K22"，填充后去掉轮廓线，分别调整节点，如图 6-44 和图 6-45 所示。

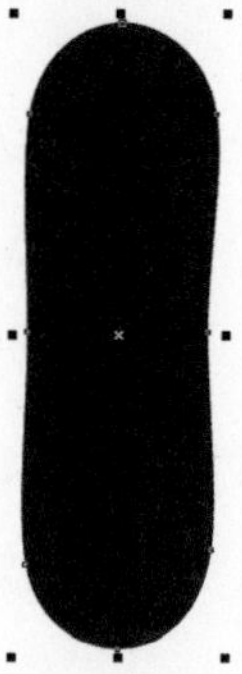

图6-44

图6-45

STEP05 选择上一步得到的图案，执行【排列】→【顺序】→【放在后一层】菜单命令或者按【Ctrl+Page Down】组合键，执行向后一层的操作，如图 6-46 所示。执行【排列】→【顺序】→【到图层后面】菜单命令或者按【Shift+Page Down】组合键，放在图层的最后面，选中图层中间的图形，选择【位图】→【转换为位图】和【位图】→【模糊】→【高斯式模糊】菜单命令，如图 6-47 所示。

图6-46

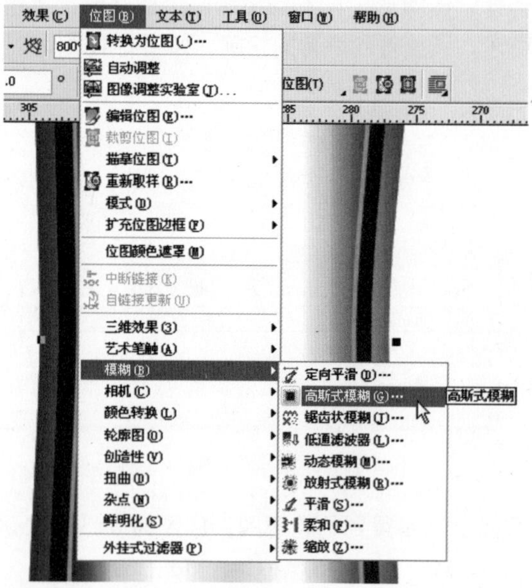

图6-47

STEP06 选择"贝济埃工具" ，绘制一个不规则图形，将其填充渐变颜色，色值为"C96、M98、Y16、K18 – C95、M67、Y40、K6 – C100、M20、Y0、K0 – C96、M69、Y31、K3 – C88、M59、Y50、K0 – C96、M86、Y48、K17 – C100、M76、Y0、K0"，并选择轮廓工具组中的"无轮廓"去掉轮廓色，如图 6-48、图 6-49 和图 6-50 所示。

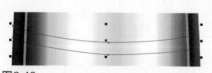

图6-48

图6-49

图6-50

STEP07 继续选择"贝济埃工具" ，绘制一个不规则图形，将其填充白色。选择轮廓工具组中的"无轮廓"去掉轮廓色，选择【位图】→【转换为位图】和【位图】→【模糊】→【高斯式模糊】菜单命令，如图 6-51

和图 6-52 所示。

图6-51

图6-52

STEP08 继续选择"贝济埃工具" ，绘制一个不规则图形，将其填充颜色，色值为"C96、M95、Y49、K22 – C95、M67、Y40、K6"，之后选择轮廓工具组中的"无轮廓"去掉轮廓色，选择【位图】→【转换为位图】和【位图】→【模糊】→【高斯式模糊】菜单命令。复制该图形，选中复制后的图形，选择属性栏中的"镜像"命令，效果如图 6-53 和图 6-54 所示。整体效果如图 6-55 所示。

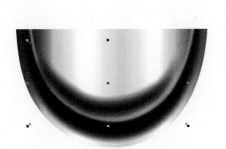

图6-53

图6-54

图6-55

STEP09 选择"文字工具" ，输入文字，设置文字属性，字体为"Century Gothic"，大小为"28pt"，将其填充渐变颜色，色值为"C1、M66、Y9、K18 – C0、M0、Y0、K0 – C8、M93、Y34、K0"，并选择轮廓工具组中的"无轮廓"去掉轮廓色，如图 6-56 和图 6-57 所示。唇膏的效果如图 6-58 所示。

图6-56

图6-57

图6-58

STEP10 继续选择"贝济埃工具" ，绘制一个不规则图形，如图 6-59 所示。将其填充渐变颜色，色值为"C81、M78、Y48、K9 – C90、M82、Y53、K22"，去掉轮廓线，如图 6-60 和图 6-61 所示。

图6-59

图6-60

图6-61

STEP11 选择"椭圆形工具" ，绘制两个椭圆，选中两个椭圆，选择属性栏中的"后减前"得到一个新的圆环，如图 6-62 所示。填充渐变颜色，色值为"C81、M71、Y56、K17 – C0、M0、Y0、K0 – C81、M78、Y48、K9 – C0、M0、Y0、K0 – C90、M82、Y53、K22"，如图 6-63 和图 6-64 所示。

图6-62

图6-63

图6-64

STEP12　选择"椭圆形工具" 、"矩形工具" 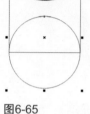 绘制一个矩形和一个正圆,将其选中之后进行图形间的焊接,如图 6-65 和图 6-66 所示。得到一个新的图形,如图 6-67 所示。

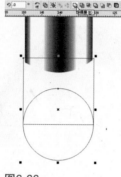

图6-65

图6-66

图6-67

STEP13　调整节点,将其填充渐变颜色,色值为"C81、M71、Y56、K17 – C0、M0、Y0、K0 – C81、M78、Y48、K9 – C0、M0、Y0、K0 – C90、M82、Y53、K22",并选择轮廓工具组中的"无轮廓"去掉轮廓色,如图 6-68 和图 6-69 所示。

图6-68

图6-69

STEP14　继续选择"椭圆形工具" 、"矩形工具" 绘制一个矩形和一个正圆,运用图形间的运算得到一个新的图形,如图 6-70 和图 6-71 所示。调整节点之后将其填充渐变颜色,色值为"C96、M52、Y0、K0 – C20、M0、Y0、K0 – C90、M35、Y0、K0 – C100、M76、Y0、K0",去掉轮廓线,如图 6-72 和图 6-73所示。

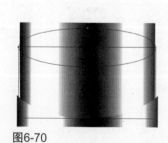

图6-70

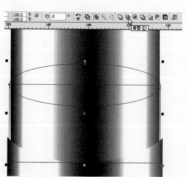

图6-71

图6-72

图6-73

STEP15 继续绘制不规则图形，如图 6-74 所示。将其填充渐变颜色，色值为"C40、M0、Y0、K0 – C0、M0、Y0、K0 – C40、M0、Y0、K0 – C91、M63、Y0、K0 – C100、M76、Y0、K0"，之后选择轮廓工具组中的"无轮廓"去掉轮廓色，如图 6-75 和图 6-76 所示。

图6-74

图6-75

图6-76

STEP16 绘制一个不规则图形，将其填充渐变颜色，色值为"C40、M0、Y0、K0 – C0、M0、Y0、K0 – C40、M0、Y0、K0 – C91、M63、Y0、K0 – C100、M76、Y0、K0"，并选择轮廓工具组中的"无轮廓"去掉轮廓色，如图 6-77 所示。继续绘制不规则图形并将其填充颜色，色值为"C90、M50、Y0、K0"，选择【位图】→【转换为位图】和【位图】→【模糊】→【高斯式模糊】菜单命令，如图 6-78、图 6-79 和图 6-80 所示。

图6-77

图6-78

图6-79

图6-80

STEP17 继续绘制不规则图形，对其进行网格填充，选择"网格填充工具"，设置属性为 3 行 5 列，将各部分填充相应的颜色，其色值分别为"C5、M80、Y20、K0"、"C0、M100、Y0、K0"、"C0、M85、Y30、K0"，选择轮廓工具组中的"无轮廓"去掉轮廓色，如图 6-81、图 6-82 和图 6-83 所示。

图6-81

图6-82

图6-83

STEP18 按着上述方法继续绘制唇膏的顶端部分，如图 6-84、图 6-85 和图 6-86 所示。

图6-84

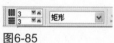

图6-85

图6-86

STEP19 继续选择"贝济埃工具" ,绘制一个不规则图形，将其填充颜色，颜色设置为"C96、M95、Y49、K22"，并去掉轮廓线，如图 6-87 所示。之后选择【位图】→【转换为位图】和【位图】→【模糊】→【高斯式模糊】菜单命令，如图 6-88 和图 6-89 所示。得到的效果如图 6-90 所示。

图6-87

图6-88

图6-89

图6-90

STEP20 将上一步得到的图形复制并适当调整位置，如图 6-91 和图 6-92 所示。

图6-91

图6-92

STEP21　执行【文件】→【导入】菜单命令，或者按【Ctrl+I】组合键导入光盘 / 素材文件 / ch06/6-2-2/6-2-001.psd 导入素材图片，将其复制若干个并旋转，选中一部分素材图片进行放大或者缩小，并选择"互动式透明工具" 进行透明设置，如图 6-93 所示。本案例的最终效果如图 6-94 所示。

图6-93

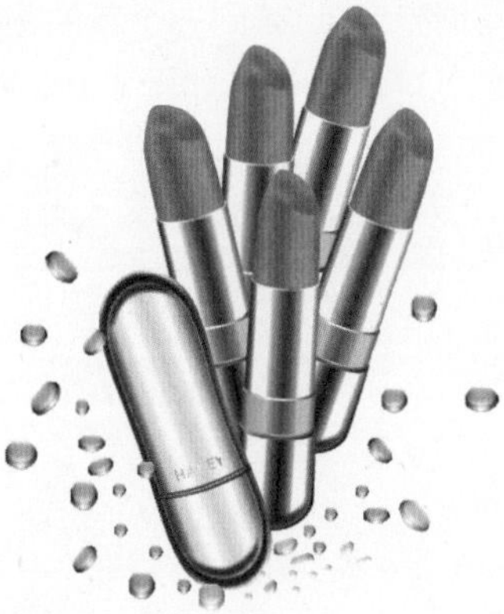

图6-94

实例03　绘制高档香水包装

【技术分析】

　　本例中利用基本的造型工具绘制包装基本轮廓，之后填充颜色，并配合特殊效果完成高档玻璃香水包装的制作。最终效果如图6-95所示。

　　本例的制作流程分三部分。第1部分应用"矩形工具" 绘制包装的基本轮廓并填充颜色，如图6-96所示；第2部分应用"贝济埃工具" 绘制香水包装的细节，如图6-97所示；第3部分应用"贝济埃工具" 添加玻璃质感的效果，输入文字并填充颜色，从而得到本案例的最终效果，如图6-98所示。

图6-95

图6-96

图6-97

图6-98

【制作步骤】

STEP01　选择【文件】→【新建】菜单命令或者按【Ctrl+N】组合键，新建一个 A4 大小的文件。

STEP02　选择"矩形工具"□绘制一个矩形，如图 6-99 所示。单击鼠标右键，将其转换为曲线，如图 6-100 所示。选择"形状工具"⚫调整节点，得到一个新的图形，如图 6-101 所示。将该图形填充渐变颜色，"C16、M8、Y9、K0—C85、M83、Y71、K80"，如图 6-102 所示。

图6-99

图6-100

图6-101

图6-102

STEP03　继续应用"矩形工具"□绘制一个矩形，如图 6-103 所示。单击鼠标右键，在弹出的菜单中选择【转换为曲线】命令将其转换为曲线，选择"形状工具"⚫调整节点，得到一个新的图形。将该图形填充渐变颜色，"C8、M3、Y3、K0—C17、M7、Y8、K0"，如图 6-104 和图 6-105 所示。

图6-103

图6-104

图6-105

STEP04　复制上一步得到的矩形，如图 6-106 和图 6-107 所示，选择【位图】→【转换为位图】和【位图】→【模糊】→【高斯式模糊】菜单命令，将其执行高斯式模糊，如图 6-108 和图 6-109 所示，得到的效果如图 6-110 所示。

图6-106

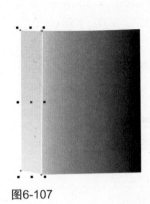

图6-107

图6-108

图6-109

图6-110

STEP05 继续选择"矩形工具"□绘制一个矩形,如图 6-111 所示,选择【位图】→【转换为位图】和【位图】→【模糊】→【高斯式模糊】菜单命令,将其执行高斯式模糊,如图 6-112 和图 6-113 所示,得到的效果如图 6-114 所示。

图6-111

图6-112

图6-113

图6-114

STEP06 继续选择"矩形工具"□绘制一个矩形,如图 6-115 所示,将该图形填充渐变颜色,色值为"C25、M10、Y13、K0—"C5、M2、Y2、K0—C85、M73、Y71、K80—C0、M0、Y0、K100",如图 6-116 和图 6-117 所示。

图6-115　　　　　　　　　　图6-116　　　　　　　　　　图6-117

STEP07 继续选择"矩形工具"□绘制一个矩形,单击鼠标右键,在弹出的菜单中选择【转换为曲线】命令,选择"形状工具"♦调整其节点,得到一个新的图形。填充颜色,色值为"C0、M0、Y0、K100",效果如图 6-118 所示。

图6-118

STEP08 复制上一步的图形,选择"形状工具"♦调整节点,得到一个新的图形,将该图形填充渐变颜色,色值为"C0、M0、Y0、K0—C0、M3、Y3、K0 – C0、M0、Y0、K0",如图 6-119 和图 6-120 所示。

图6-119　　　　　　　　　　　　　　　　图6-120

STEP09 继续选择"矩形工具"□绘制一个矩形,单击鼠标右键,在弹出的菜单中选择【转换为曲线】命令,选择"形状工具"♦调整节点,得到一个新的图形,将该图形填充渐变颜色,色值为"C0、M0、Y0、K90—C16、M5、Y6、K0",如图 6-121 和图 6-122 所示。

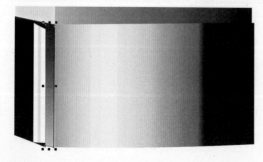

图6-121　　　　　　　　　　　　　　　　图6-122

STEP10 将第（7）步得到的图形执行【位图】→【转换为位图】和【位图】→【模糊】→【高斯式模糊】菜单命令，将其执行高斯式模糊，如图 6-123 和图 6-124 所示。得到的效果如图 6-125 所示。

图6-123

图6-124

图6-125

STEP11 继续选择"矩形工具" 绘制一个矩形，单击鼠标右键，在弹出的菜单中选择【转换为曲线】命令，将其转换为曲线，选择"形状工具" 调整节点，得到一个新的图形，如图 6-126 所示。将该图形填充渐变颜色，色值为"C18、M5、Y72、K0—C4、M1、Y22、K0"，如图 6-127 所示。

STEP12 选择"贝济埃工具" 绘制一个不规则图形，将该图形填充颜色，其色值为"C5、M3、Y5、K0"，效果如图 6-128 所示。

图6-126

图6-127

图6-128

STEP13 选择"贝济埃工具" ，继续绘制不规则图形，并分别填充颜色，其色值为"C51、M42、Y55、K2"、"C29、M15、Y40、K0"，效果如图 6-129、图 6-130 和图 6-131 所示。

图6-129

图6-130

图6-131

STEP14 选择"贝济埃工具" ，继续绘制不规则图形，并分别填充颜色，其色值分别为"C10、M7、Y50、K0"、"C21、M12、Y53、K0"、"C73、M59、Y82、K17"、"C29、M16、Y30、K0"、"C27、M13、Y9、K0"、"C45、M27、Y89、K0"，效果如图 6-132、图 6-133 和图 6-134 所示。

图6-132

图6-133

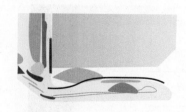

图6-134

STEP15　选择"贝济埃工具" ，继续绘制不规则图形，将该图形填充颜色，其色值分别为"C9、M5、Y4、K0"，效果如图 6-135 所示。继续绘制不规则图形，填充色的色值为"C39、M25、Y36、K0"，如图 6-136 所示。

图6-135

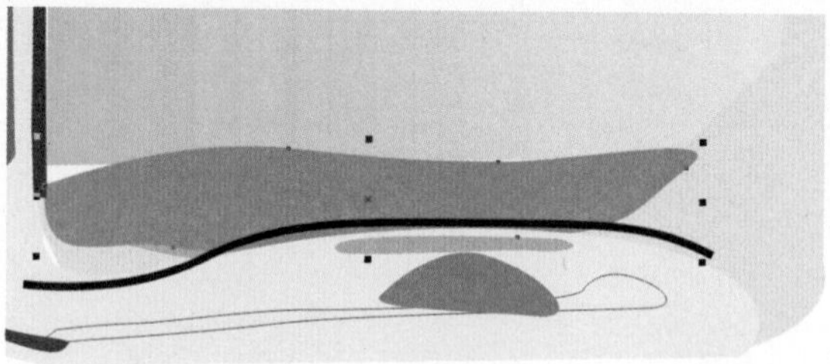

图6-136

STEP16　选择"贝济埃工具" ，继续绘制不规则图形，将该图形填充颜色，其色值分别为"C51、M40、Y85、K4"、"C33、M0、Y97、K0"、"C29、M16、Y62、K0"、"C16、M8、Y8、K0"、"C11、M7、Y19、K0"，效果如图 6-137 和图 6-138 所示。

图6-137

图6-138

STEP17　选择"贝济埃工具" ，绘制两条线段，填充轮廓颜色，色值为"C51、M39、Y44、K2"，继续绘制两条曲线，填充轮廓颜色，色值为"C51、M39、Y44、K2"，效果如图 6-139 和图 6-140 所示。

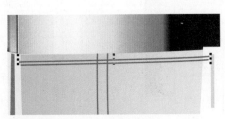

图6-139

图6-140

STEP18 选择"矩形工具"▣绘制一个矩形，填充渐变颜色，其色值为"C83、M71、Y75、K72 – C73、M53、Y54、K7 – C83、M71、Y75、K72"，如图 6-141 和图 6-142 所示。

图6-141

图6-142

STEP19 选中香水瓶身的侧面，将其执行【位图】→【转换为位图】和【位图】→【模糊】→【高斯式模糊】菜单命令，如图 6-143 和图 6-144 所示。得到的效果如图 6-145 所示。

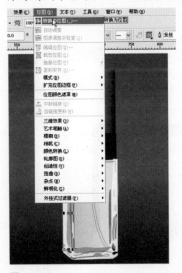

图6-143

图6-144

图6-145

STEP20　选中香水瓶身侧面几个图形，将其执行【位图】→【转换为位图】和【位图】→【模糊】→【动态模糊】菜单命令，如图 6-146 和图 6-147 所示。

图6-146

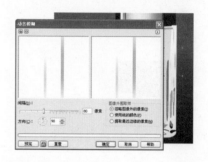

图6-147

STEP21　选中香水瓶身侧面的几个不规则图形，分别执行【位图】→【转换为位图】和【位图】→【模糊】→【高斯式模糊】菜单命令，如图 6-148 和图 6-149 所示。

图6-148

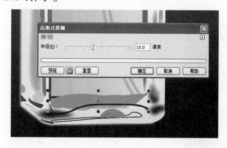

图6-149

STEP22　选中部分不规则图形，按上一步的操作方法执行高斯式模糊命令，如图 6-150 和图 6-151 所示。

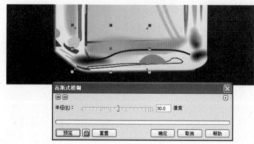

图6-150

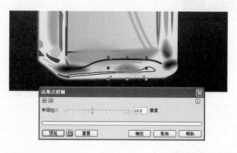

图6-151

STEP23　选中香水瓶身的不规则图形，按上一步的操作方法将其转换为位图，并先后执行高斯式模糊及动态模糊命令，如图 6-152 和图 6-153 所示。

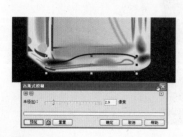

图6-152

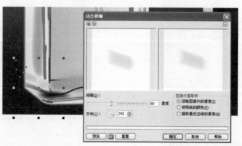

图6-153

STEP24　选择工具箱中的"椭圆形工具" ，绘制一个椭圆形并填充白色，如图 6-154 所示。将其执行【位图】→【转换为位图】和【位图】→【模糊】→【高斯式模糊】菜单命令。

STEP25　选择工具箱中的"星形工具"，绘制一个十四角星，填充白色，如图 6-155 和图 6-156 所示。将其执行【位图】→【转换为位图】和【位图】→【模糊】→【高斯式模糊】菜单命令，如图 6-157 和图 6-158 所示。

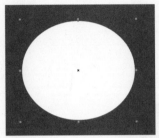

图6-154

图6-155

图6-156

图6-157

图6-158

STEP26　选择工具箱中的"矩形工具"，绘制若干个矩形，如图 6-159 所示。选中其中的一个矩形，将其执行【位图】→【转换为位图】和【位图】→【模糊】→【高斯式模糊】菜单命令，如图 6-160 所示。

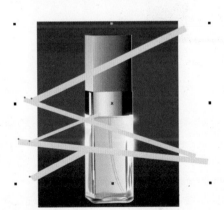

图6-159

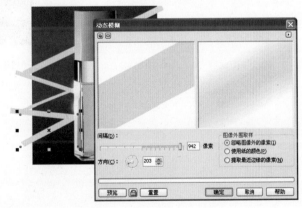

图6-160

STEP27　继续将上一步得到的图形，按着上述方法分别执行高斯式模糊命令，如图 6-161、图 6-162 和图 6-163 所示。

STEP28　选择工具箱中的"文字工具"，输入文字部分，设置文字属性，字体分别为"Alien Encounters Solid"和"Arail"，大小分别为"34.419pt"和"12pt"，填充白色，如图 6-164、图 6-165 和图 6-166 所示。本案例的最终效果如图 6-167 所示。

图6-161

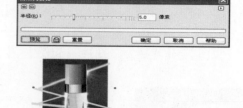

图6-162

图6-163

图6-164

图6-167

图6-165

图6-166

風雲

FENG YUN

II

第7章

生活用品包装设计

7.1 基础技术汇讲

作为人们日常生活的必需用品，其包装设计越来越突出一种时尚感、明快感。生活用品的设计着重于色彩、造型、线条等方面来考虑。此类产品注重与日常家庭生活相融合，设计中理应突显家的感觉。随着社会的进步和生活环境的改善，消费者对产品的评判标准已不再仅局限于产品质量，对产品外在包装、品牌形象等也提出了全方位的需求。

例如，中华健齿白牙膏以蓝色为主色调，外包装分为两部分，一部分是以醒目的白色为基调，上面除了保留繁体字样的"中华"二字外，老中华商标上原有的华表和天安门被改成了流线型设计。另一部分以蓝色为主，"健齿白"的字样十分醒目。新包装总体感觉清新自然，具有时代感和流行特色。

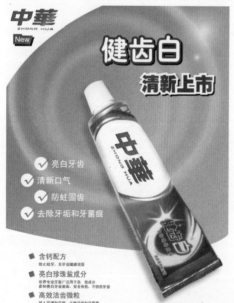

包装的文字是为介绍产品、宣传产品而设计的。这样不仅能充分说明产品本身，而且最主要的是在视觉上给人一种相当强烈的冲击力。系列包装的色彩设计可以根据促销的需要来确定，一方面是同化，即采用基本相同的色彩使其得到统一；第二方面是异化，就是在系列产品中注意到保持视觉统一性的同时，运用一定的有变化的色彩系列将不同的产品区别开。

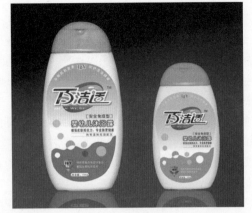

内容和形式是包装设计的两大重点，那么图形则在包装中担任着重要承载者的任务，就图形的表现形式而言，可分为实物图形和装饰图形，实物图形采用摄影黑白与彩色写真和绘画的手法来表现，装饰图形则分为具象和抽象两种表现手法。无论采用何种手法，都要达到内容和形式的辩证统一，这才能创造出经济、美观的包装作品来满足广大消费者的要求。

在本章中多运用"贝济埃工具" 、"椭圆形工具" 、"文字工具" 、"颜色填充工具" 、"渐变填充工具" 、"交互式填充" 、"交互式透明工具" ，实现几种生活用品包装的绘制。

常用工具的具体意义和功能如下表所示。

图 标	工具名称	意义和功能
	贝济埃工具	利用该工具可以轻松绘制平滑线条
	椭圆形工具	利用该工具可以绘制相关的圆形图案
	交互式填充	利用该工具可以填充特殊颜色
	交互式透明	利用该工具可以调整图案的透明度

7.2 精彩实例荟萃

实例01 绘制牙膏的包装

【技术分析】

在我们的日常生活中，牙膏是必不可少的用品，虽然它们并不是很起眼，可能也未曾留意过它们的包装，但它们包装的构图和色彩上你却可以看出商品设计的一些设计技巧和方法。

大多数牙膏的管体长不超过150mm，宽不超过50mm。

从牙膏包装的色彩和构图上我们可以总结一些设计上的特色：

1. 色彩上的搭配多以调和为主，配以对比。任何画面上的色彩都应求得调和，当然也包括邻近色和对比色调和。强调对比时要注意调和，强调调和的画面也要运用对比。

2. 从整个构图的格局上看一般是：品牌名称在左，主体图案在右，这体现出牙膏这一商品的特点，设计上应受对象的形状和内涵上的限制，为具体的对象服务，而不是任意挥就，天马行空。

3. 字体和图案约向右倾斜15°～20°，这符合大多数人的右手行为习惯。字体以综艺、黑体或其变体为主，字体颜色根据主色调改变，以白、红色为多；图案的绘制上多以圆、椭圆、曲线或流线型的变形为主体，给人以平和、稳定、可亲的美感。

"佳露洁"牙膏，它的主色调是暖色。色彩以大面积的红色为主，配以少量的黄色做为阴影和背景，而右侧的图像部分却以冷色的蓝天白云为主体（制作中以蓝白渐变代替），这样做非但没有显得格格不入，反而与纯红色黄金并列，使得色彩相得益彰，对比强烈；以深蓝色为阴影的"坚固牙齿、口气清新"好像浮动在广阔的天空中，点明牙膏的特性。

本例中利用基本的造型工具和文字工具，完成一盒牙膏包装的制作。得到的最终效果如图7-1所示。

本例的制作流程分三部分。第1部分应用标尺、辅助线及矩形工具和贝济埃工具绘制包装的基本轮廓并填充颜色，如图7-2所示；第2部分应用"贝济埃工具"和"文字工具"制作包装的表面部分，如图7-3所示；第3部分，将各个面添加图案并制作立体包装，从而得到本案例的最终效果，如图7-4所示。

图7-1

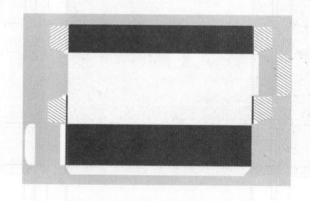

图7-2

图7-4

图7-3

【制作步骤】

STEP01　选择【文件】→【新建】菜单命令或者按【Ctrl+N】组合键，新建一个 A4 大小的文件。

STEP02　选择"矩形工具"绘制一个矩形，填充颜色为"C16、M5、Y7、K0"，如图 7-5 所示。

STEP03　选择【视图】→【标尺】、【视图】→【辅助线】菜单命令添加辅助线，如图 7-6、图 7-7 和图 7-8 所示。

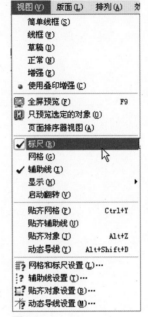

图7-5

图7-6

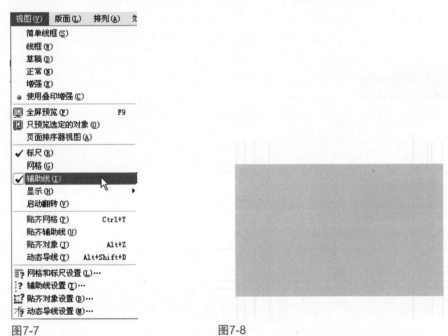

图7-7

图7-8

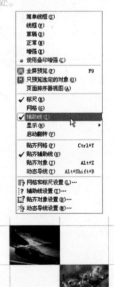

STEP04　选择“贝济埃工具”绘制一条线段，如图 7-9 和图 7-10 所示。

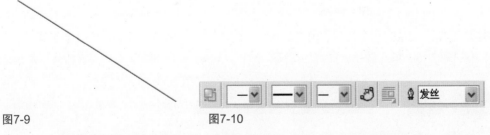

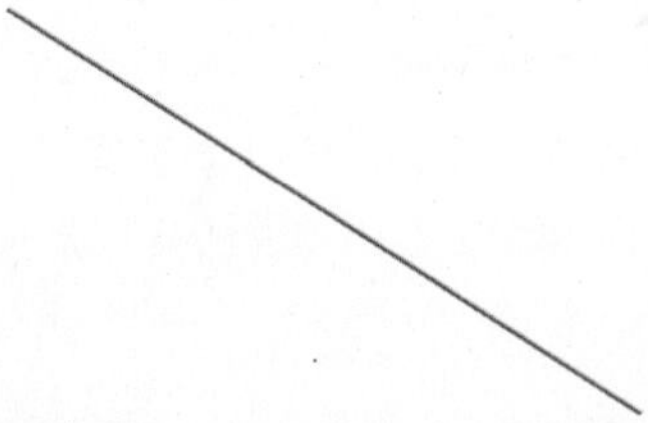

图7-9

图7-10

STEP05　打开变换泊物窗，选取上一步得到的图形，单击【应用到再制】按钮，如图 7-11 和图 7-12 所示。

知识链接

辅助线——它是可以放置在绘图窗口中任何位置的线条，用来帮助放置对象。辅助线分为3种类型：水平、垂直和倾斜。在默认情况下，本应用程序显示添加到绘图窗口的辅助线，但随时都可以将它们隐藏起来。可以在需要添加辅助线的任何位置添加辅助线，但也可以选择添加预设辅助线。预设辅助线分为两种类型：Corel预设和用户定义的预设。Corel预设包括一英寸页边距上显示的辅助线及通讯栏边界显示的辅助线。用户定义的预设是由用户指定位置的辅助线。例如，您可以添加在指定的距离处显示页边距的辅助线，或者定义列版面或网格的辅助线。添加辅助线后，可对辅助线进行选择、移动、旋转、锁定或删除操作。在设置好辅助线后就要设定使对象与辅助线贴齐，这样当对象移近辅助线时，对象就只能位于辅助线的中间，或者与辅助线的任意一端贴齐，这也是使用辅助线的方便之处。

图7-11   图7-12

STEP06　选择"贝济埃工具" ，按着辅助线绘制牙膏盒的平面展开图，分别添加颜色"C0、M100、Y96、K30"、"C3、M11、Y92、K0"，如图 7-13 所示。

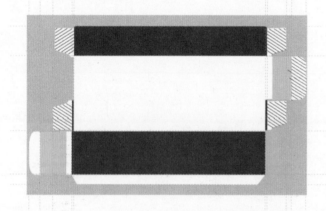

图7-13

STEP07　选择"矩形工具" 绘制一个矩形，填充图案，如图 7-14 和图 7-15 所示。

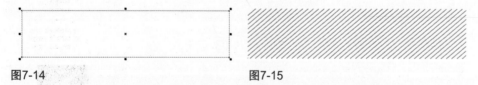

图7-14   图7-15

STEP08　继续选择"矩形工具" 绘制一个矩形，填充颜色，色值为"C0、M100、Y96、K30"，选择"贝济埃工具" 绘制一个不规则图形，填充颜色，色值为"C3、M11、Y92、K0"，如图 7-16 和图 7-17 所示。

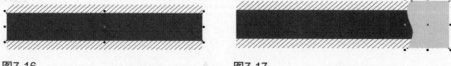

图7-16   图7-17

STEP09 继续选择"贝济埃工具"绘制两个不规则图形,填充渐变色,色值为"C38、M90、Y92、K40- C2、M51、Y33、K0",如图 7-18 和图 7-19 所示。

图7-18   图7-19

STEP10 复制上一步得到的不规则图形,调整其节点,填充颜色,色值为"C2、M21、Y73、K40",选择【排列】→【顺序】→【放在图层后面】命令,将其放在上一步图形的后面,如图 7-20 和图 7-21 所示。

图7-20   图7-21

STEP11 继续选择"贝济埃工具"绘制不规则图形,执行【文件】→【导入】菜单命令,导入素材文件 /ch03/3-2-1 中的"7-001",如图 7-22 和图 7-23 所示。执行【效果】→【图框精确剪裁】→【放置在容器中】菜单命令,如图 7-24 和图 7-25 所示。将几个图形拼合在一起,得到效果如图 7-26 所示。

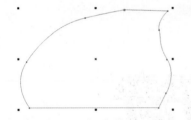

图7-22   图7-23

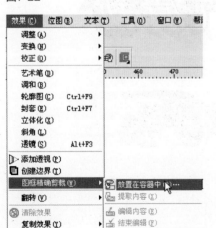

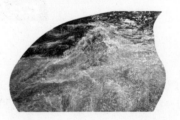

图7-24   图7-25

知识链接

放置在容器中:执行【效果】→【图框精确剪裁】→【放置在容器中】命令,可把一个图形放置在另一个图形中,一般以中心点对齐方式置入。如果想更改置入位置,可以选中图形执行【效果】→【图框精确剪裁】→【编辑内容】命令。

图7-26

STEP12　选择"文字工具" 🖳,输入文字"佳露洁",设置文字属性,字体为"创意繁综艺",大小为"13.15pt",如图 7-27 和图 7-28 所示。并将其执行倾斜变换,如图 7-29 所示。

图7-27　　　　　　　　　　图7-28　　　　　　　　　　图7-29

STEP13　继续绘制不规则图形,填充颜色,色值为"C9、M11、Y92、K0"。复制该图形,填充黑色,按【Ctrl+C】和【Ctrl+V】组合键,将其复制,再按【Ctrl+Page Down】组合键放在后面一层,如图 7-30 和图 7-31 所示。

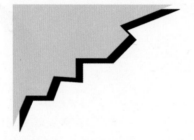

图7-30　　　　　　　　　　　　　　　　图7-31

STEP14　选择"文字工具" 🖳,输入装饰文字,设置文字属性,字体为"宋体",大小为"11.2pt",填充颜色,色值分别为"C0、M100、Y96、K30"和"C100、M100、Y0、K0",如图 7-32 所示。

STEP15　选择"文字工具" 🖳,继续输入文字,设置文字属性,字体为"宋体",大小为"20.21pt",描边色值为"C100、M100、Y0、K0",如图 7-33、图 7-34 所示。将其各部分组合,如图 7-35 所示。

图7-32　　　　　　　　　　图7-33

图7-34　　　　　　　　　　图7-35

STEP16　选择"星形工具" 🖈绘制一个星形,如图 7-36、图 7-37 所示。单击鼠标右键,在弹出的菜单中选择【转换为曲线】命令将其转换为曲线。选择"形状工具" 🖎调整节点,如图 7-38 所示,并将里边的节点转换为圆滑 🖍,如图 7-39 所示。

图7-36　　　　　　图7-37　　　　　　　图7-38　　　　　　　图7-39

STEP17　继续选择"形状工具" 调整节点，如图 7-40 所示。填充颜色，色值为"C84、M20、Y16、K3"。复制该图形，按住【Shift】键将其同心缩小，填充白色，如图 7-41 所示。

图7-40　　　　　　　　　　　　　　　　　　　图7-41

STEP18　选中上一步的两个图形，选择"交互式调和工具" ，如图 7-42 所示。执行交互式渐变，得到新的图形，如图 7-43 和图 7-44 所示。

STEP19　选择"文字工具" ，继续输入文字，设置文字属性，字体为"汉仪粗宋"，大小为"32.01pt"，填充颜色，色值为"C0、M100、Y96、K30"。并复制该文字，填充白色，按【Ctrl+Page Down】组合键将其放在后面一层，如图 7-45 所示。

知识链接

交互式调和工具——可以从属性栏的里"预设"下拉菜单直接调节调和步长。选择"调和方向"，可以调整调和角度。

图7-42　　　　　　　　　　　　　　　　　　　图7-43

图7-44　　　　　　　　　　图7-45

STEP20　继续选择"文字工具" ，继续输入文字，设置文字属性，字体为"黑体"，大小为"22.3pt"，填充颜色，色值为"C100、M100、Y0、K0"。并复制该文字，填充白色，按【Ctrl+Page Down】组合键将其放在后面一层，如图 7-46 和图 7-47 所示。

图7-46

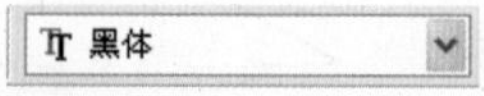

图7-47

STEP21 按着上一步的方法继续输入文字，设置文字属性，字体为"宋体"，大小为"5.56pt"，填充颜色，色值为"C100、M100、Y0、K0"，如图7-48和图7-49所示。将文字部分放在合适的位置，如图7-50所示。

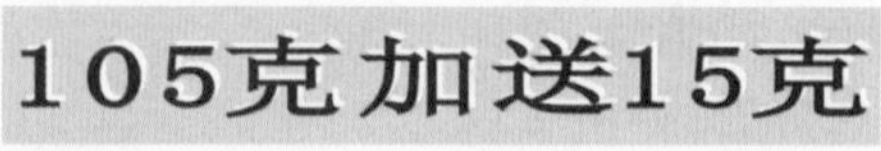

105克加送15克

图7-48

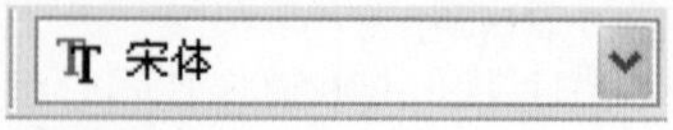

图7-49

图7-50

STEP22 按【Ctrl+G】组合键将牙膏包装的正面部分组合，放在第（6）步得到的效果图上面，如图7-51、图7-52和图7-53所示。

图7-51

图7-52

图7-53

STEP23 复制部分装饰文字及其图案，并旋转角度，放在上面得到的效果图上，如图7-54所示。

STEP24 按着上述继续绘制文字，设置文字属性，字体为"宋体"，大小为"12.5pt"，填充颜色"C9、M11、Y92、K0"，并旋转角度，如图7-55所示。

图7-54

图7-55

STEP25　按着第18步的方法绘制另一个图案，改变填充颜色，色值为"C0、M11、Y54、K0"，如图7-56所示。

STEP26　继续将第19步的文字复制并填充颜色，如图7-57和图7-58所示。将文字部分与图案部分组合，如图7-59所示。

图7-56

图7-57

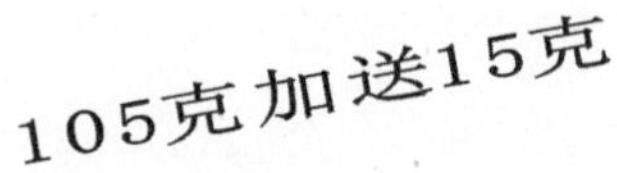

图7-58

图7-59

STEP27　继续选择"文字工具"[图]输入文字，设置文字属性，字体为"黑体"，大小为"26.67pt"，填充颜色，色值为"C0、M0、Y100、K0"，如图7-60所示。将其放在适当的位置，如图7-61和图7-62所示。

图7-60

图7-61

图7-62

STEP28　选中包装平面图的每一面按【Ctrl+G】组合键将其群组，如图7-63、图7-64和图7-65所示。将这三部分组合成一个立体包装，如图7-66所示。

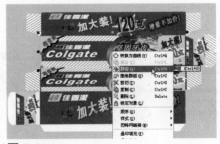

图7-63

图7-64

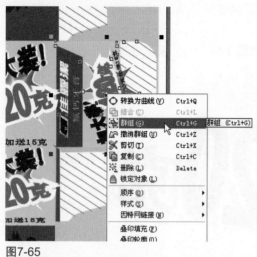

图7-65

图7-66

STEP29 将上一步得到的立体包装按【Ctrl+G】组合键群组，之后执行【效果】→【添加透视】命令，如图 7-67 和图 7-68 所示。得到一个全新的立体包装，如图 7-69 所示。将其与平面包装示意图组合得到本案例的最终效果，如图 7-70 所示。

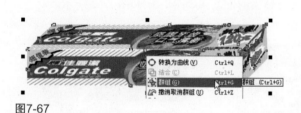

图7-67

图7-68

图7-69

图7-70

实例02 绘制家用电器包装

【技术分析】

在倡导绿色环保的今天，环保将成为家用电器产品立足市场最基本的要求，家用电器的包装也是如此。

在包装设计中巧妙地运用点、线、面等设计元素，结合现代科学技术，融入现代设计的表现形式，使商品包装有较强的时代感，尽显商品品牌的个性特征，对商品的流通、销售具有积极推动作用。

包装设计具有自身所特有的艺术形式，通过视觉传达要素向消费者传递产品的信息，这信息体现了产品的基本情况和使用特点，除此之外，还要体现设计者的思想及所表达的设计文化与设计风格，要在外形与内涵上有高度统一。

小家电包装材料：在中、高档小家电纸盒中，微瓦、白卡等材料已经得到广泛应用，但是低档纸盒，比如赠品小家电的包装还是以灰卡纸为主，盒型结构也没有特别的设计。

1. 微型瓦楞纸板

新型的微型瓦楞纸板已经在中国市场上崭露头角。有人预言，微型瓦楞纸板将有可能代替大部份的折叠纸板用于包装盒，同时我国终端用户行业也对微型瓦楞包装的应用给予充分的关注。

2. 裱纸

因为国内制作微瓦材料的质量还没有达到直接印刷的要求，微瓦裱纸就成为目前流行的解决方案。

本例中利用基本的造型工具"贝济埃工具"和"文字工具"，完成一个家用电器包装的制作，通过将各部分填充颜色，得到完整的效果。最终效果如图7-71所示。

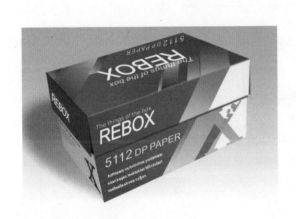

图7-71

本例的制作流程分两部分。第1部分应用"矩形工具"及"贝济埃工具"绘制包装的基本轮廓并填充颜色，如图7-72所示；第2部分应用"贝济埃工具"及"文字工具"添加装饰。本案例的最终效果如图7-73所示。

图7-72　　　　　　　　　　　图7-73

【制作步骤】

STEP01   选择【文件】→【新建】菜单命令或者按【Ctrl+N】组合键，新建一个 A4 大小的文件。

STEP02   选择"矩形工具" 绘制一个矩形，填充渐变颜色，色值为"C33、M4、Y3、K0- C0、M0、Y0、K0"，如图 7-74 和图 7-75 所示。

图7-74

图7-75

STEP03   选择"贝济埃工具" 绘制一个不规则图形，填充渐变颜色，色值为"C89、M44、Y0、K0-C65、M16、Y0、K0"，如图 7-76 和图 7-77 所示。

图7-76

图7-77

STEP04   选择"贝济埃工具" 绘制一个不规则图形，填充渐变颜色，选择 预设值"兰"，如图 7-78、图 7-79和图 7-80 所示。

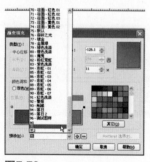

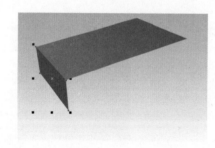

图7-78   图7-79   图7-80

STEP05   继续选择"贝济埃工具" 绘制一个不规则图形，填充渐变颜色，色值为"C80、M29、Y0、K0- C65、M16、Y0、K0"，如图 7-81 和图 7-82 所示。

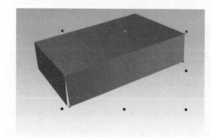

图7-81

图7-82

STEP06 选择"贝济埃工具" 绘制一条线段,填充颜色,色值为"C99、M93、Y0、K0",如图7-83所示。

STEP07 继续选择"贝济埃工具" 绘制一条线段,填充颜色,色值为"C40、M4、Y2、K0",如图7-84所示。

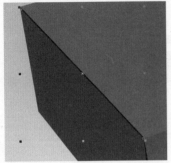

图7-83

图7-84

STEP08 继续选择"贝济埃工具" 绘制不规则图形,填充颜色,色值为"C99、M99、Y22、K3",如图7-85所示。再选择【排列】→【顺序】→【置于此对象后】菜单命令将其放在对象的后面,如图7-86、图7-87所示。

STEP09 按着上一步的方法绘制不规则图形,填充颜色,其色值为"C75、M42、Y19、K3",如图7-88所示。

图7-85

图7-86

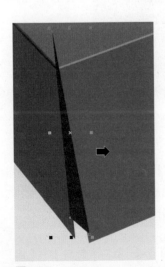

图7-87

图7-88

STEP10 按着上一步的方法绘制不规则图形,填充渐变颜色,色值为"C83、M29、Y0、K0- C56、M13、Y0、K0",如图7-89和图7-90所示。

CorelDRAW X3中文版包装创意设计

图7-89　图7-90

STEP11　按着上一步的方法绘制不规则图形，填充渐变颜色，色值为"C40、M42、Y2、K0- C15、M5、Y5、K0"，如图7-91图7-92所示。

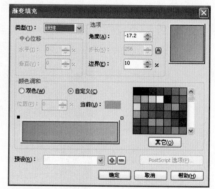

图7-91　图7-92

STEP12　继续绘制线段并填充颜色，其色值为"C99、M93、Y0、K0"，如图7-93所示。得到包装的基本形状，如图7-94所示。

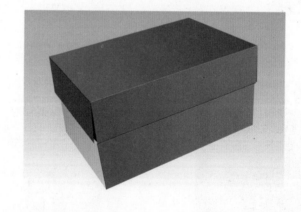

图7-93　图7-94

STEP13　选择"贝济埃工具" 绘制若干个不规则图形并填充颜色，其色值为"C94、M47、Y0、K0- C19、M6、Y6、K0"，如图7-95所示。并将该颜色设置为预设颜色"兰2"，分别填充预设颜色"兰2"，参数设置如图7-96和图7-97所示。

STEP14　将上一步得到的图案选中,单击鼠标右键,在弹出的菜单中选择【群组】命令,执行【效果】→【图框精确剪裁】→【放置在容器中】命令，如图7-98和图7-99所示。得到的效果如图7-100所示。

156

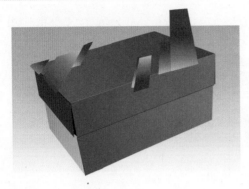

图7-95

图7-96

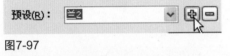

图7-97

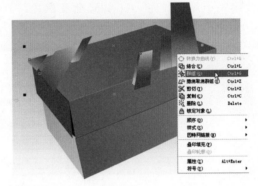

图7-98

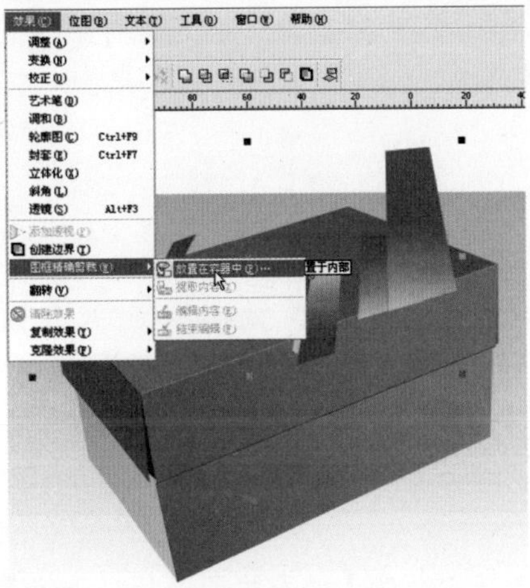

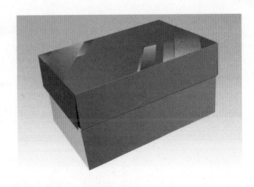

图7-99

图7-100

STEP15 继续绘制不规则图形,并填充渐变颜色,其色值为"C100、M0、Y0、K0- C25、M6、Y0、K0",如图 7-101 和图 7-102 所示。

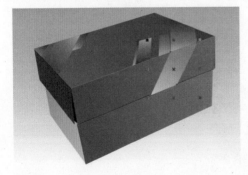

图7-101

图7-102

STEP16　继续绘制不规则图形，并填充渐变颜色，其色值为"C93、M40、Y0、K0- C25、M6、Y0、K0"，如图 7-103 和图 7-104 所示。

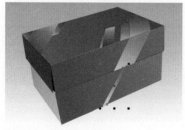

图7-103

图7-104

STEP17　继续绘制不规则图形，并填充渐变颜色，其色值为"C85、M10、Y0、K0- C25、M6、Y0、K0"，如图 7-105、图 7-106 和图 7-107 所示。

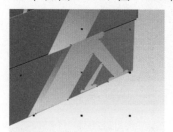

图7-105

图7-106

图7-107

STEP18　沿着上一次的图形边缘绘制不规则图形，并填充渐变颜色，其色值为"C5、M1、Y2、K0- C0、M0、Y0、K0"，如图 7-108 和图 7-109 所示。

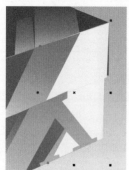

图7-108

图7-109

STEP19　选中上一步得到的图形，单击鼠标右键，在弹出的菜单中选择【顺序】→【放置于此对象后】菜单命令，如图 7-110 和图 7-111 所示。

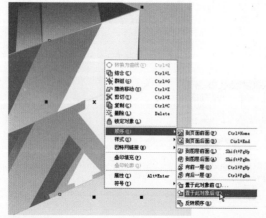

图7-110

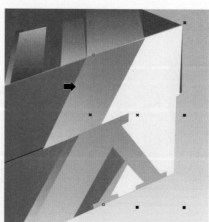

图7-111

STEP20　选中图形顶部的装饰图案，先后执行【位图】→【转换为位图】【位图】→【模糊】→【高斯式模糊】菜单命令，如图 7-112、图 7-113 和图 7-114 所示。得到的效果如图 7-115 所示。

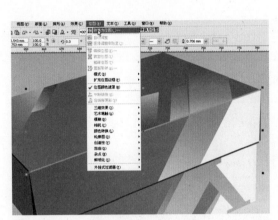

图7-112

图7-113

图7-114

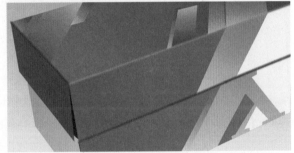

图7-115

STEP21　选中第（8）步绘制的阴影部分，先后执行【位图】→【转换为位图】【位图】→【模糊】→【高斯式模糊】菜单命令，如图 7-116 和图 7-117 所示。得到的效果如图 7-118 所示。

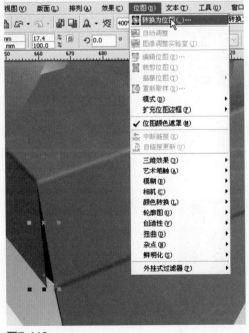

图7-116

图7-117

知识链接

绘制阴影的方法——复制要产生阴影效果的图形，填充灰色，将其转换为位图，然后执行【位图】→【模糊】→【高斯式模糊】命令调整其数值，可打开预览调整数值，可以更准确和一步到位。

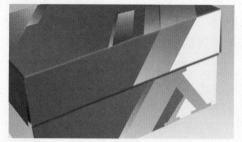

图7-118

STEP22 选择工具箱中的“文字工具”，输入“REBOX”，设置文字属性，字体为“Arial”，大小为“60.06pt”，填充白色，如图 7-119 和图 7-120 所示。继续输入路径文字，设置文字属性，字体为“Arial”，大小为“12pt”，得到的效果如图 7-121 和图 7-122 所示。

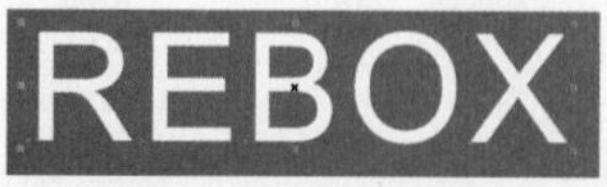

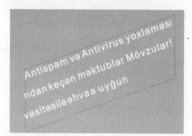

图7-119

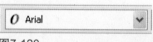

图7-120

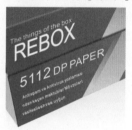

图7-121

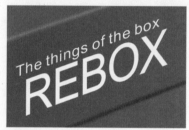

图7-122

STEP23 选择工具箱中的“文字工具”，继续输入说明文字，设置文字属性，字体为“Arial”，大小为“12pt”，填充白色，如图 7-123 和图 7-124 所示。并将上一步的文字旋转角度，执行【效果】→【添加透视】菜单命令后再进行透视变形，如图 7-125 所示。

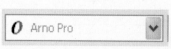

图7-123

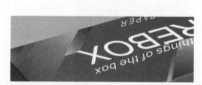

图7-124

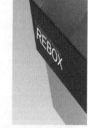

图7-125

STEP24 选择工具箱中的“文字工具”，输入“X”，设置文字属性，字体为“Arno Pro”，大小为“42pt”，填充颜色，其色值为“C100、M40、Y0、K0”，并适当旋转角度，如图 7-126 和图 7-127 所示。继续输入文字，设置文字属性，字体为“Arial”，大小为“12pt”，得到的效果如图 7-128 和图 7-129 所示。

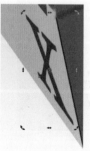

图7-126

图7-127

图7-128

图7-129

STEP25 选择工具箱中的"矩形工具" 绘制一个矩形,并填充颜色,其色值为"C40、M4、Y2、K0",如图 7-130 所示。先后执行【位图】→【转换为位图】、【位图】→【扭曲】→【块状】菜单命令,如图 7-131、图 7-132 和图 7-133 所示。得到块状图案如图 7-134 所示。

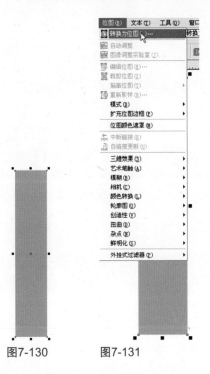

图7-130　　图7-131　　　　　　　图7-132

图7-133

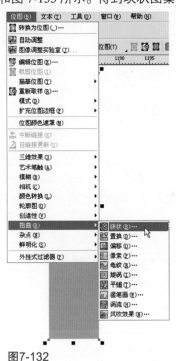

图7-134

STEP26　将上一步得到的图案旋转角度,然后放在合适位置,如图 7-135 所示。本案例的最终效果如图 7-136 所示。

图7-135

图7-136

实例03 绘制空气清新剂包装

【技术分析】

　　本例中利用基本的造型工具"贝济埃工具" ,完成一组空气清新剂包装的制作,通过将各部分填充颜色,得到完整的效果。最终效果如图7-137所示。

图7-137

　　该空气清新剂瓶的尺寸是:260mm×50mm。

1. 产品定位

　　该产品为家庭生活用品,消费群为大众家庭,性能稳定和外型优雅是消费者的首选。突出"清新空气"的主题,便是设计师设计包装的目的。

2. 设计手法

　　根据消费市场定位,产品的外观在设计风格上以简洁为主。瓶身采用一体的颜色,既有利于包装的系列延续,更能起到平衡视觉的效果,给人以稳定、安全的感觉,同时要注意金属质感的表现。系列颜色的设计则突出了不同的颜色,更是突显了该产品的特有属性。

　　本例的制作流程分三部分。第1部分应用基本形状工具绘制包装的基本轮廓,并填充颜色及添加高光效果,如图7-138所示;第2部分添加文字及其装饰物,如图7-139所示;第3部分导入素材图片并为该组包装添加背景及其投影,得到本案例的最终效果,如图7-140所示。

图7-138

图7-139

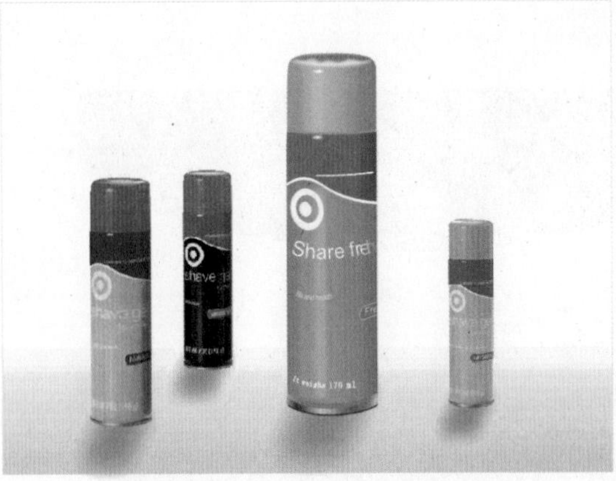

图7-140

【制作步骤】

STEP01　选择【文件】→【新建】菜单命令或者按【Ctrl+N】组合键，新建一个 A4 大小的文件。

STEP02　选择"矩形工具"□绘制一个矩形，单击鼠标右键，选择【转换为曲线】菜单命令，如图 7-141 和图 7-142 所示。

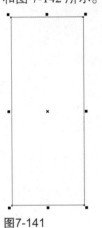

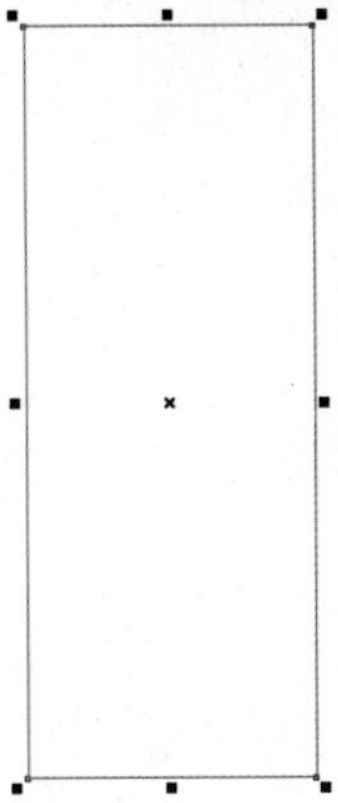

图7-141

图7-142

STEP03　选择"形状工具"□调整节点，得到一个新的图形，填充渐变颜色，色值为"C69、M2、Y85、K0 – C35、M2、Y57、K0 – C52、M3、Y82、K0"，如图 7-143 和图 7-144 所示。

图7-143

图7-144

STEP04　选择"贝济埃工具"□，绘制一个不规则图形，如图 7-145 所示。填充渐变颜色，色值为"C21、M2、Y31、K0 – C52、M3、Y82、K0"，如图 7-146 和图 7-147 所示。

STEP05　选择"贝济埃工具"□绘制一个不规则图形，如图 7-148 所示。填充渐变颜色，色值为"C0、M0、Y0、K26 – C0、M0、Y0、K43 – C0、M0、Y0、K5"，如图 7-149 和图 7-150 所示。

图7-145

图7-146

图7-147

图7-148

图7-149

图7-150

STEP06 复制上一步的不规则图形，填充颜色，其色值"C0、M0、Y0、K80"，按【Ctrl+Page Down】组合键将其放在后面一层，如图 7-151 和图 7-152 所示。

图7-151

图7-152

STEP07 选择"贝济埃工具" ，绘制一个不规则图形，填充渐变颜色，其色值"C21、M2、Y56、K0 – C52、M3、Y82、K0"，如图 7-153 和图 7-154 所示。

图7-153

图7-154

STEP08 复制上一步的不规则图形，稍微下移，填充渐变颜色，其色值为"C0、M0、Y0、K0 – C0、M0、Y0、K4"，如图 7-155 和图 7-156 所示。

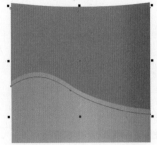

图7-155

图7-156

STEP09 绘制包装的瓶盖，填充渐变颜色，其色值为"C54、M3、Y74、K0 – C18、M1、Y61、K0"，如图 7-157 和图 7-158 所示。

图7-157

图7-158

STEP10 选择"椭圆形工具"，在瓶盖基础上绘制一个椭圆形，填充渐变颜色，其色值为"C84、M22、Y88、K0 – C33、M3、Y95、K0"，如图 7-159 和图 7-160 所示。

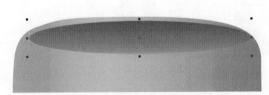

图7-159

图7-160

STEP11 选择"贝济埃工具"，在上一步得到的图形基础上绘制一个不规则图形，填充渐变颜色，其色值为"C14、M0、Y51、K0 – C0、M0、Y0、K0"，如图 7-161 和图 7-162 所示。

图7-161

图7-162

STEP12　选择上两步得到的图形,先后执行【位图】→【转换为位图】【位图】→【模糊】→【高斯式模糊】菜单命令,如图 7-163、图 7-164 和图 7-165 所示。另一部分操作设置如图 7-166 和图 7-167 所示。

图7-163

图7-164

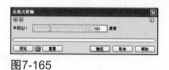

图7-165

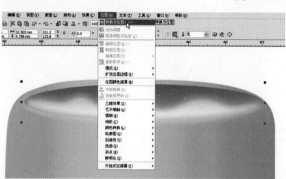

图7-166

图7-167

STEP13　选择"椭圆形工具" 绘制一个椭圆形,填充白色,如图 7-168 所示。继续选择"矩形工具",在瓶盖和瓶身上绘制矩形,填充白色,如图 7-169 和图 7-170 所示。

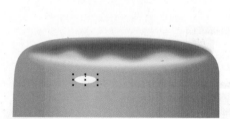

图7-168

图7-169

图7-170

STEP14　选中上一步得到的椭圆形,先后执行【位图】→【转换为位图】【位图】→【模糊】→【高斯式模糊】菜单命令,如图 7-171 所示。

STEP15　选择"交互式透明工具" ,将瓶盖上的矩形执行透明效果,如图 7-172 和图 7-173 所示。

图7-171

图7-172

图7-173

STEP16 将瓶盖上的矩形先后执行【位图】→【转换为位图】、【位图】→【模糊】→【高斯式模糊】菜单命令，如图 7-174 和图 7-175 所示。

图7-174

图7-175

STEP17 选择"交互式透明工具" ，将瓶盖上的矩形执行透明效果，并先后执行【位图】→【转换为位图】、【位图】→【模糊】→【高斯式模糊】菜单命令，如图 7-176、图 7-177 和图 7-178 所示。

图7-176

图7-177

图7-178

STEP18 选择"椭圆形工具" 绘制一个椭圆形，执行【效果】→【添加透视】命令，如图 7-179 和图 7-180 所示。分别复制两个椭圆，按住【Shift】键，同时拖动鼠标将其缩小，选择属性栏中的"后减前"，得到一个圆环，将另一个椭圆放在其中央部分，分别填充白色，如图 7-181 和图 7-182 所示。

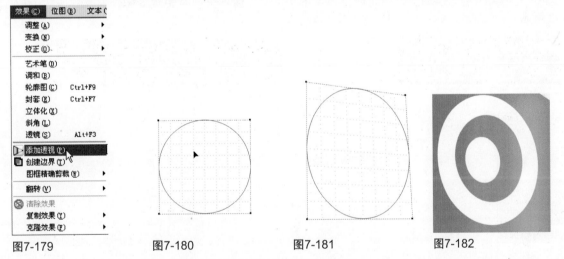

图7-179   图7-180   图7-181   图7-182

STEP19 选择"矩形工具" 绘制一个矩形，单击鼠标右键，选择"形状工具" 将其调整，填充颜色，其色值为"C69、M2、Y85、K0"，如图 7-183 和图 7-184 所示。

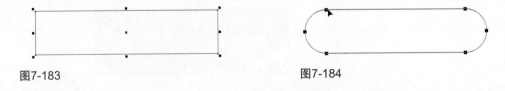

图7-183   图7-184

STEP20 选择"文字工具" 📝 输入"Fresh air"，填充白色，将其执行【效果】→【添加透视】命令进行透视变形效果，如图 7-185 和图 7-186 所示。

图7-185

图7-186

STEP21 选中上一步的图案，将其执行【效果】→【图框精确剪裁】→【放置在容器中】命令，如图 7-187 和图 7-188 所示。

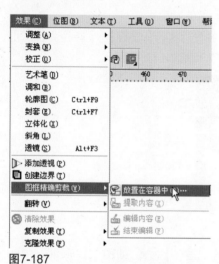

图7-187

图7-188

STEP22 选择"贝济埃工具" 🖋 绘制一条曲线，选择"文字工具" 📝，设置文字属性，字体为"Arial"，大小为"5pt"，如图 7-189 和图 7-190 所示。执行【文本】→【使文本适合路径】菜单命令，如图 7-191 和图 7-192 所示。

图7-189

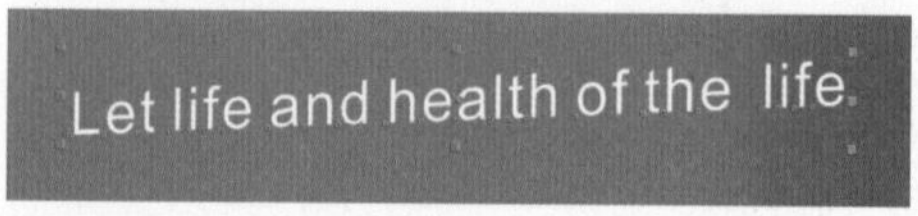

Let life and health of the life

图7-190

图7-191

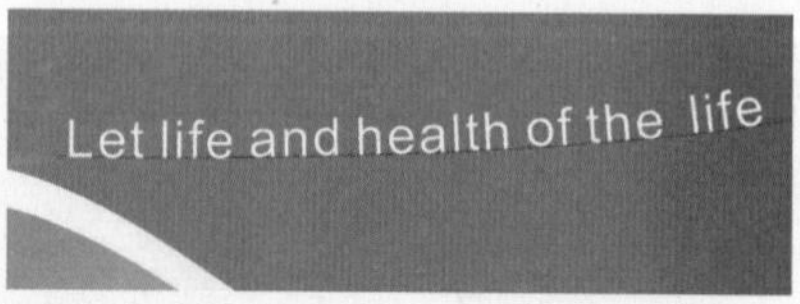

Let life and health of the life

图7-192

STEP23 选择"文字工具" 输入文字,设置文字属性,字体为"Arial",大小为"24pt",执行【文本】→【使文本适合路径】菜单命令,如图 7-193 所示。

图7-193

STEP24 选择"交互式透明工具" ,将其执行透明设置,如图 7-194 和图 7-195 所示。

图7-194

图7-195

STEP25 按着上述步骤继续输入路径文字,设置文字属性,字体为"宋体",大小为"8.85pt",执行【文本】→【使文本适合路径】菜单命令,如图7-196所示。得到该空气清新剂的包装,如图7-197所示。

图7-196

图7-197

STEP26 选择"矩形工具" 绘制该案例的背景,填充渐变颜色,其色值为"C0、M0、Y0、K10 – C0、M0、Y0、K0",如图 7-198 和图 7-199 所示。

图7-198

图7-199

STEP27 选择【文件】→【导入】菜单命令,导入素材文件 /ch07/7-2-3 中的所有图片,将其放置在适当的位置,如图 7-200 所示。

图7-200

STEP28　绘制一个平行四边形，填充颜色，其色值为"C0、M0、Y0、K30"，如图 7-201 所示。将其执行【位图】→【转换为位图】和【位图】→【模糊】→【高斯式模糊】菜单命令，如图 7-202 和图 7-203 所示。

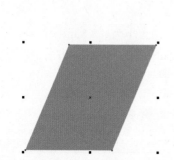

图7-201

图7-202

图7-203

STEP29　将上一步得到的阴影复制，并放在每个包装的合适位置，如图 7-204 所示。本案例的最终效果如图 7-205 所示。

图7-204

图7-205

風雲 II

FENG YUN

第8章

电子产品的包装设计

8.1 基础技术汇讲

　　电子产品越来越被人们广泛应用，其包装设计也越来越突出一种时尚感、明快感。电子产品的设计应着重于电子产品本身的性质来考虑，并要突出科技感。

　　作为电子产品最为普通的手机来说，其在现代人生活中的位置越来越重要，手机承载着人与人、人与社会、人与自然相互联系的中介作用。所以在设计其包装的时候要全方位考虑，无论从用色、设计元素及材料的运用上都应该全面考虑。

　　电子产品的包装材料提倡环保：绿色包装符合世界绿色消费潮流，有利于突破国际上的绿色贸易壁垒，同时，对降低商品在流通中的破损率、提高包装产品的质量和增加商品附加值都将起到积极作用。

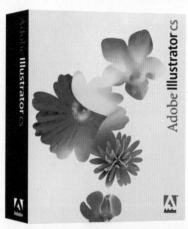
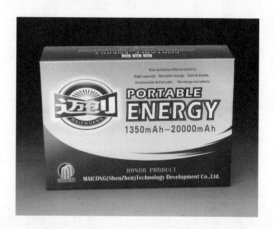

　　包装应注重量轻：许多电子电器产品的包装用纸箱经过改良后虽然减少了重量，但强度等质量指标并没有降低，在节约成本的同时，也保证了环保。

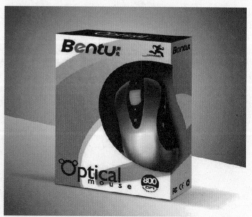

绿色环保，从根基做起：发展绿色包装要从基本的选材抓起，因此在包装设计时，应在满足产品流通及美观的情况下，尽量使用环保材料，并减少包装的体积、重量和数量，为它最终的回收处理做最优化设计。

　　在本章中多运用基本的造型工具，实现几种电子产品包装的绘制。并使用各种填充工具及添加不同的效果，如交互式阴影效果来制作图案的阴影，镜像工具来制作镜像效果等。

　　常用工具的具体意义和功能如下表所示。

图　标	工　具　名　称	意　义　和　功　能
	贝济埃工具	利用该工具可以轻松绘制平滑线条
	椭圆形工具	利用该工具可以绘制相关的圆形图案
	交互式填充	利用该工具可以填充特殊颜色
	交互式透明	利用该工具可以调整图案的透明度

8.2　精彩实例荟萃

实例01　绘制MP4的包装

【技术分析】

　　一个MP4的包装主要是文字及其小图案的合理组合。本例中利用基本的造型工具和文字工具，完成一个MP4包装的制作。得到的最终效果如图8-1所示。

图8-1

　　本例的制作流程分两部分。第1部分应用标尺、辅助线及矩形工具绘制包装的包装图案并填充颜色，如图8-2所示；第2部分应用"贝济埃工具"和"文字工具"制作包装的侧面部分，并制作立体包装。本案例的最终效果如图8-3所示。

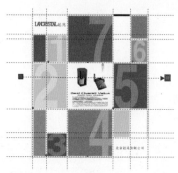

图8-2

图8-3

【制作步骤】

STEP01　选择【文件】→【新建】菜单命令或者按【Ctrl+N】组合键，新建一个 A4 大小的文件。

STEP02　选择【视图】→【标尺】及【视图】→【辅助线】菜单命令，如图 8-4 和图 8-5 所示。

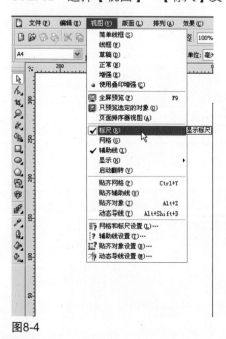

图8-4

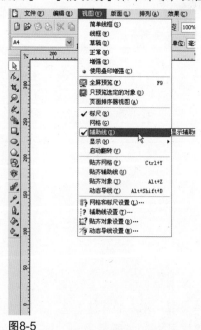

图8-5

STEP03 按住鼠标左键并拖动鼠标,从标尺位置拉出若干条辅助线,选择【视图】→【贴齐辅助线】菜单命令,如图 8-6 和图 8-7 所示。

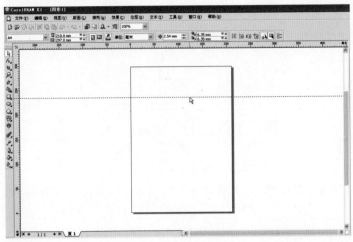

图8-6

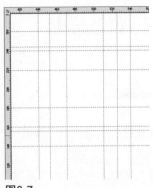

图8-7

STEP04 选择"矩形工具" ,按着上述的辅助线的位置绘制两个矩形,填充颜色,其色值为"C80、M25、Y3、K0",如图 8-8 和图 8-9 所示。

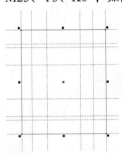

图8-8

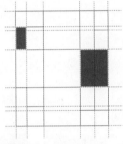

图8-9

STEP05 选择"矩形工具" ,按着上述的辅助线的位置绘制矩形,填充颜色,其色值为"C0、M0、Y0、K15"、"C1、M98、Y92、K0"、"C51、M2、Y92、K0",如图 8-10、图 8-11 和图 8-12 所示。

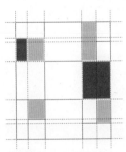

图8-10

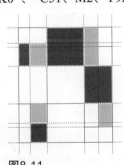

图8-11

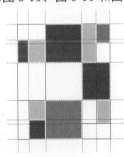

图8-12

STEP06 选择"矩形工具" ,按着辅助线的位置绘制矩形,填充颜色,其色值为"C3、M9、Y95、K0"、"C1、M44、Y93、K0",如图 8-13 和图 8-14 所示。

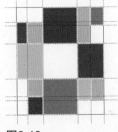

图8-13

图8-14

STEP07　选择"文字工具" 🗊输入文字，设置文字属性，字体为"宋体"，大小为"10pt"，填充颜色，其色值为"C80、M25、Y3、K0"，如图8-15和图8-16所示。

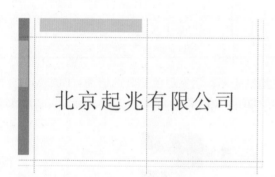

图8-15

图8-16

STEP08　继续选择"文字工具" 🗊输入文字，设置文字属性，字体为"宋体"，大小为"10pt"，填充黑色，如图8-17所示。

STEP09　选择【文件】→【导入】菜单命令，导入光盘 / 素材文件 /ch08/8-2-3 中的所有图片，放在中间位置，如图8-18、图8-19和图8-20所示。

图8-17

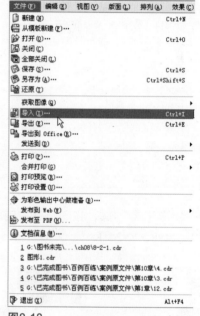

图8-18

图8-19

图8-20

STEP10　选择"交互式透明工具" 🗊执行透明选项，如图8-21和图8-22所示。

STEP11　选中所有图像，单击鼠标右键，在弹出的菜单中选择【群组】菜单命令，如图8-23所示。

图8-21

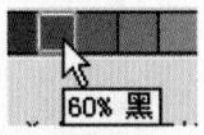

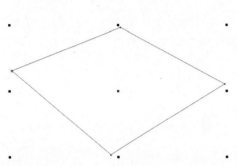

图8-22

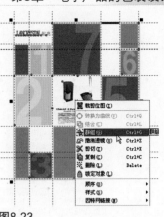

图8-23

STEP12 选择"贝济埃工具" 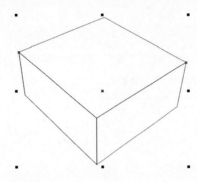，绘制一个不规则图形，如图 8-24 和图 8-25 所示。

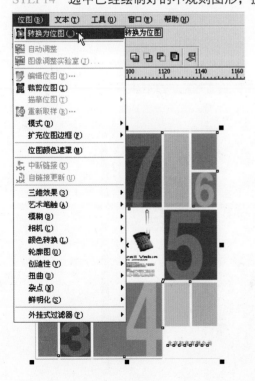

图8-24

图8-25

STEP13 选中已经绘制好的组合，执行【位图】→【转换为位图】命令，之后选择属性栏中的"编辑位图"，如图 8-26、图 8-27 和图 8-28 所示。

STEP14 选中已经绘制好的不规则图形，执行【位图】→【转换为位图】菜单命令，如图 8-29 所示。

图8-26

图8-27

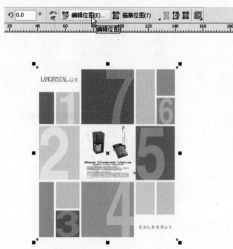

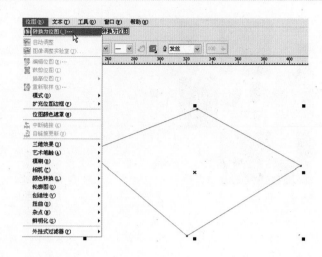

图8-28　　　　　　　　　　　　　　图8-29

STEP15　选择属性栏中的"编辑位图"，将该位图进行编辑，如图 8-30 和图 8-31 所示。

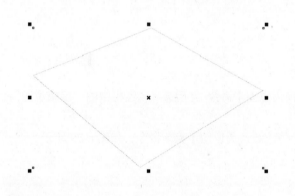

图8-30

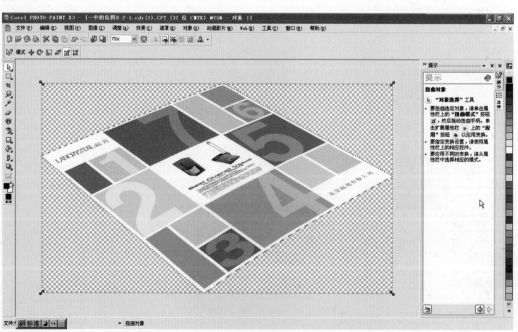

图8-31

STEP16　将上一步的图形执行【效果】→【图框精确剪裁】→【放置在容器中】菜单命令,如图 8-32、图 8-33 和图 8-34 所示。

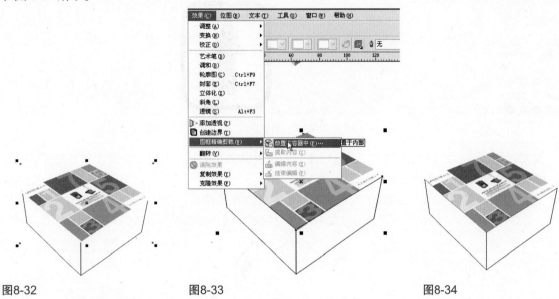

图8-32　　　　　　　　　　　图8-33　　　　　　　　　　　图8-34

STEP17　将包装的侧面部分填充颜色,色值分别为"C10、M11、Y11、K0"和"C10、M25、Y13、K0", 如图 8-35 和图 8-36 所示。

图8-35　　　　　　　　　　　图8-36

STEP18　将正面绘制好的文字变换角度放在侧面位置, 如图 8-37 和图 8-38 所示。

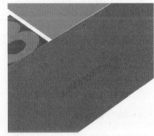

图8-37　　　　　　　　　　　图8-38

STEP19　选择"矩形工具"绘制一个矩形,将其转换为曲线,选择"形状工具"调整节点,其属性如图 8-39 和图 8-40 所示。

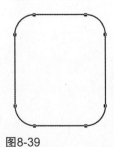

0.353 mm

图8-39　　　　　　　　　　　图8-40

STEP20　选择属性栏的"箭头选择器" 中向上的箭头，如图 8-41 所示，绘制箭头如图 8-42 所示。

图8-41

图8-42

STEP21　继续绘制箭头，如图 8-43 所示，按【Ctrl+G】组合键将其群组，之后变换角度并放在包装的侧面位置，如图 8-44 和图 8-45 所示。

STEP22　选择"矩形工具" 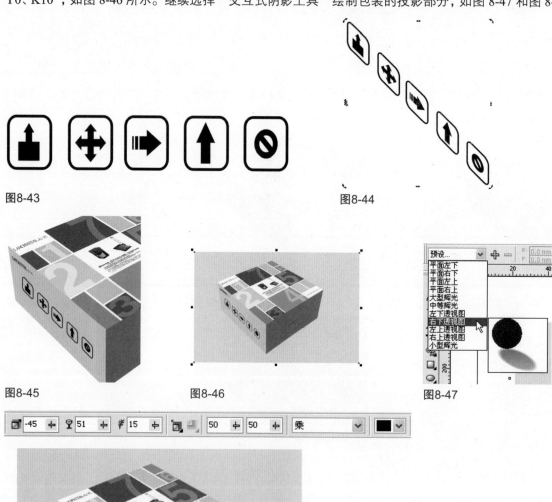，绘制一个矩形作为本案例的背景部分，填充颜色，色值为"C0、M0、Y0、K10"，如图 8-46 所示。继续选择"交互式阴影工具"绘制包装的投影部分，如图 8-47 和图 8-48 所示。

图8-43

图8-44

图8-45

图8-46

图8-47

图8-48

实例02 绘制手机的包装

【技术分析】

手机——这一高科技的产物越来越被普通人所接受和喜爱，随着手机行业的迅速发展，其包装也越来越突显其重要性了。一个手机的包装主要是文字及其小图案的合理组合。为了突出现在绿色环保的主题，本例中通过绘制整体轮廓，制作透明效果，利用基本的造型工具和文字工具添加装饰物，完成一个手机包装的制作。得到的最终效果如图8-49所示。

图8-49

本例的制作流程分三部分。第1部分应用矩形工具和"贝济埃工具" 绘制包装的基本轮廓并填充颜色，如图8-50所示；第2部分添加特殊效果，如图8-51所示；第3部分，将各个面添加图案并制作立体包装，从而得到本案例的最终效果，如图8-52所示。

图8-50

图8-51

图8-52

【制作步骤】

STEP01 选择【文件】→【新建】菜单命令或者按【Ctrl+N】组合键，新建一个 A4 大小的文件。

STEP02 选择"贝济埃工具" 绘制一个不规则图形，如图 8-53 所示。

STEP03 选择"形状工具" 调整节点，如图 8-54 所示。复制一个不规则图形，选择"形状工具" 继续调整节点，如图 8-55 所示。

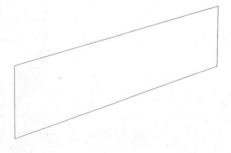

图8-53

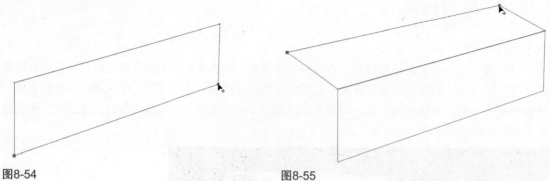

图8-54   图8-55

STEP04   按【Ctrl+C】和【Ctrl+V】组合键，复制一个不规则图形，选择"形状工具" 调整节点，如图 8-56 和 8- 57 所示。

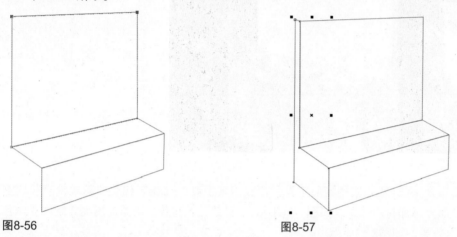

图8-56   图8-57

STEP05   继续绘制不规则图形，选择"形状工具" 调整节点，如图 8-58、图 8-59 和图 8-60 所示。

STEP06   将包装的侧面部分填充渐变颜色，色值为"C97、M29、Y99、K7 – C53、M16、Y99、K0"，如图 8-61 和图 8-62 所示。

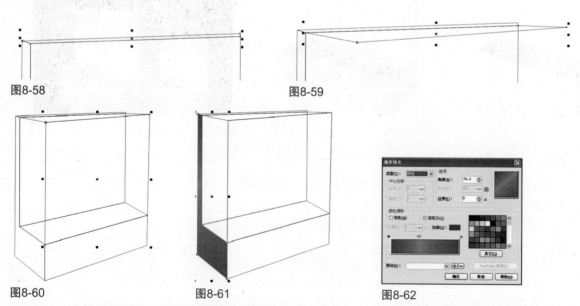

图8-58   图8-59

图8-60   图8-61   图8-62

STEP07   继续填充颜色，色值为"C83、M54、Y94、K29 – C53、M16、Y99、K0"，如图 8-63 和图 8-64 所示。

图8-63

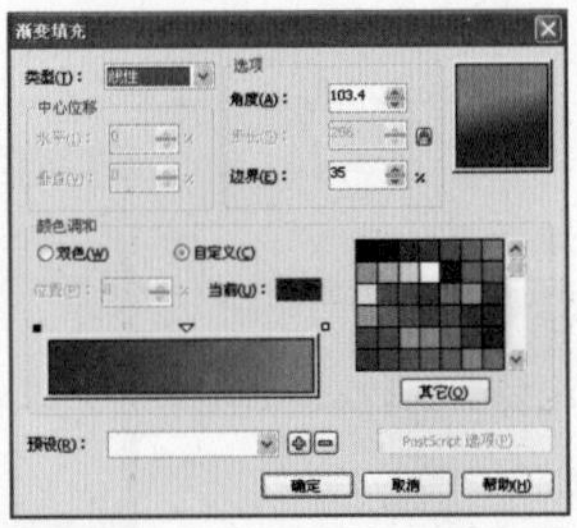

图8-64

STEP08　选择"椭圆形工具"○绘制一个椭圆形，填充颜色，色值为"C80、M18、Y100、K0"，如图 8-65所示。选择【位图】→【转换为位图】和【位图】→【模糊】→【高斯式模糊】菜单命令，如图 8-66 和图 8-67所示。得到的效果如图 8-68 所示。

图8-65

图8-66

图8-67

图8-68

STEP09　绘制若干个不规则图形,选择"形状工具"调整节点到包装的边缘位置,选中上一步得到的图形,执行【效果】→【图框精确剪裁】→【放置在容器中】菜单命令，如图 8-69、8- 70 和图 8-71所示。

图8-69

图8-70

图8-71

STEP10　继续绘制不规则图形，填充颜色，色值为"C33、M3、Y95、K0"，如图 8-72 所示。再填充颜色，色值为"C5、M2、Y13、K0 – C35、M3、Y91、K0"，如图 8-73 和图 8-74 所示。

STEP11　选择"椭圆形工具" ◎继续绘制椭圆形，填充颜色，色值为"C94、M41、Y98、K9"。按【Ctrl+C】和【Ctrl+V】组合键将其复制，单击鼠标左键旋转角度并变形，填充色的色值为"C80、M18、Y100、K0"，如图8-75所示。

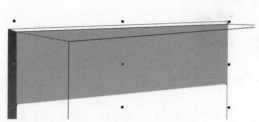

图8-72

图8-73

图8-74

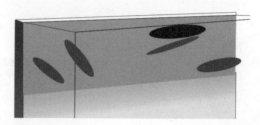

图8-75

STEP12　选择【位图】→【转换为位图】和【位图】→【模糊】→【高斯式模糊】菜单命令，再执行【效果】→【图框精确剪裁】→【放置在容器中】菜单命令，如图8-76、图8-77所示，得到的效果如图8-78所示。

图8-76

图8-77

图8-78

STEP13　继续绘制不规则图形，填充渐变颜色，色值为"C0、M0、Y0、K0 – C53、M16、Y99、K0"，如图8-79和图8-80所示。

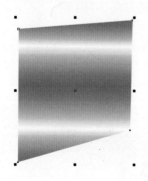

图8-79

图8-80

STEP14　选择【位图】→【转换为位图】和【位图】→【扭曲】→【旋涡】菜单命令，如图8-81、8-82和图8-83所示。得到的效果如图8-84所示，旋转该图案，如图8-85所示。

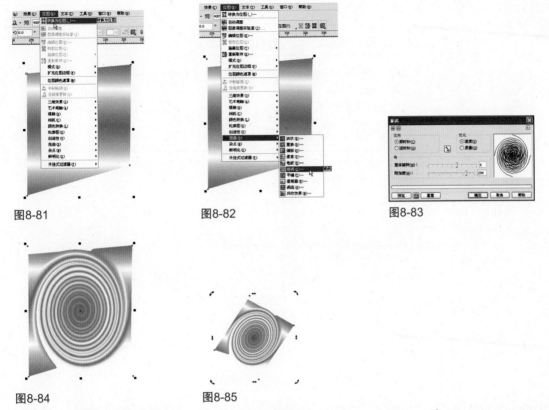

图8-81　　　　　　　　　　图8-82　　　　　　　　　　图8-83

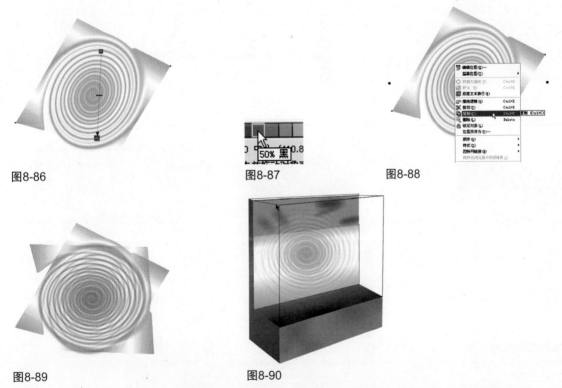

图8-84　　　　　　　　　　图8-85

STEP15　选择"交互式透明工具" ![]进行透明设置,如图 8-86 和图 8-87 所示。复制该图案并旋转角度,将其放在包装的合适位置,如图 8-88、图 8-89 和图 8-90 所示。

图8-86　　　　　　　　图8-87　　　　　　　　图8-88

图8-89　　　　　　　　图8-90

STEP16　选择"贝济埃工具" ![]绘制一条线段,如图 8-91 所示。旋转角度,打开变换泊物窗,选择"应用到再制",如图 8-92 和图 8-93 所示。得到一个扇形,如图 8-94 和图 8-95 所示。。

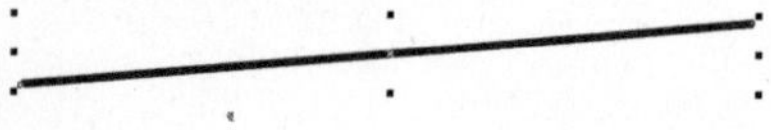

图8-91

图8-92

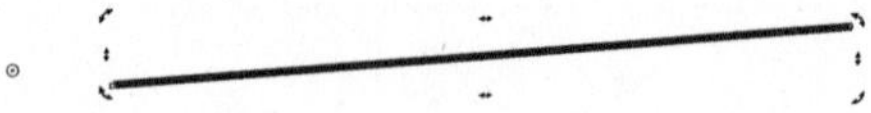

图8-93

图8-94

图8-95

STEP17　选中上一步得到的扇形,为轮廓线填充白色,如图 8-96 所示。将其选择【位图】→【转换为位图】和【效果】→【图框精确剪裁】→【放置在容器中】菜单命令,如图 8-97、8- 98 和图 8-99 所示。

图8-96

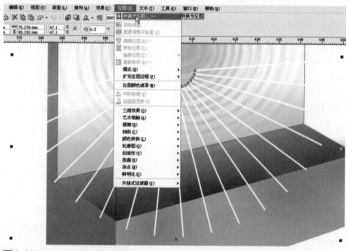

图8-97

图8-98

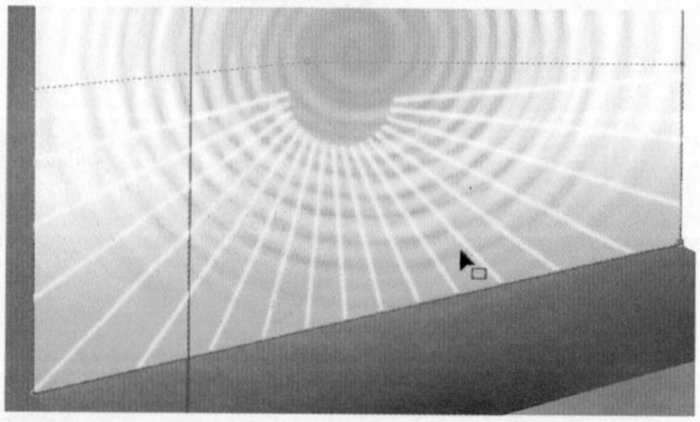

图8-99

STEP18　选择"交互式透明工具" 执行透明效果,如图 8-100、图 8-101 和图 8-102 所示。

图8-100

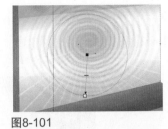

图8-101

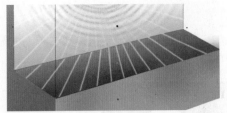

图8-102

STEP19　将上一步的图形执行【位图】→【转换为位图】菜单命令，将其转换为位图，选择"编辑位图"，如图 8-103 所示。

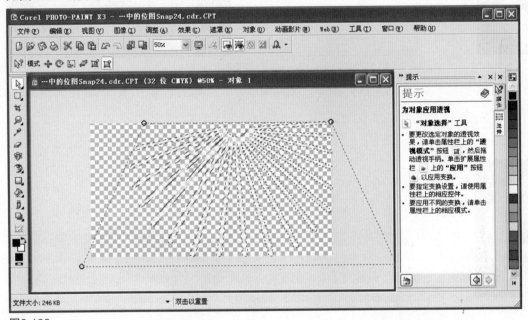

图8-103

STEP20　选择"交互式透明工具" 执行透明效果，如图 8-104 和图 8-105 所示。

图8-104

图8-105

STEP21　选择"椭圆形工具" 继续绘制椭圆形，填充颜色，色值为"C0、M0、Y0、K0"，如图 8-106 和图 8-107 所示。继续选择"交互式透明工具" ，处理后得到的效果如图 8-108 所示。

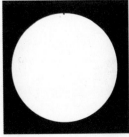

图8-106

图8-107

图8-108

STEP22 选择"椭圆形工具" 继续绘制椭圆形，填充颜色，色值为"C0、M0、Y0、K0"，如图 8-109 所示。选择【位图】→【转换为位图】和【位图】→【模糊】→【高斯式模糊】菜单命令，如图 8-110 和图 8-111 所示。

图8-109

图8-110

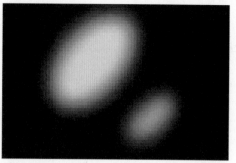

图8-111

STEP23 将上两步的图案按【Ctrl + G】组合键群组，复制调整大小，并放在包装上，如图 8-112 和图 8-113 所示。

图8-112

图8-113

STEP24 将上一步的图案，执行【位图】→【转换为位图】命令，沿着正面和侧面的边缘绘制一个矩形，选中两个图形，选择属性栏中的"相减"命令将其拆分，如图 8-114、图 8-115 和图 8-116 所示。

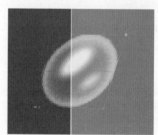

图8-114

图8-115

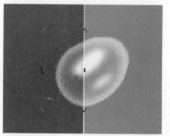

图8-116

STEP25 按上面的操作方法继续将其他的图案变形并拆分，如图 8-117、图 8-118 和图 8-119 所示。

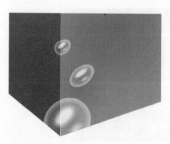

图8-117

图8-118

图8-119

STEP26 选择"矩形工具"继续绘制一个矩形,单击鼠标右键,在弹出的菜单中选择【转换为曲线】命令,选择"形状工具" 调整节点,填充颜色,色值为"C0、M0、Y0、K0",如图8-120所示。选择"交互式透明工具" ,执行透明效果,如图8-121和图8-122所示。

图8-120　　　　　　　　　　图8-121　　　　　　　　　　图8-122

STEP27 继续选择"交互式透明工具" ,执行透明效果,如图8-123、图8-124和图8-125所示。

图8-123　　　　　　图8-124　　　　　　　　　　图8-125

STEP28 选择"贝济埃工具" 继续绘制若干个不规则图形,填充颜色,色值为"C0、M0、Y0、K0",如图8-126所示。

STEP29 将上一步的图案执行【位图】→【转换为位图】和【位图】→【模糊】→【高斯式模糊】菜单命令,如图8-127、图8-128、图8-129所示。再执行【位图】→【模糊】→【动态模糊】命令,如图8-130和图8-131所示。

图8-126　　　　　　图8-127　　　　　　　　　　图8-128

图8-129　　　　　　图8-130　　　　　　　　　　图8-131

STEP30 继续执行【位图】→【转换为位图】、【位图】→【模糊】→【动态模糊】和【位图】→【模糊】→【高斯式模糊】菜单命令，如图 8-132、图 8-133、图 8-134 和图 8-135 所示。

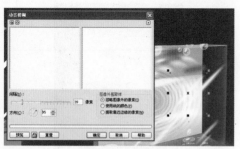

图8-132

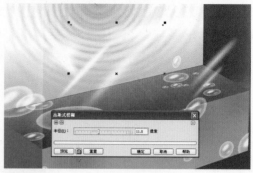

图8-133

图8-134

图8-135

STEP31 继续执行【位图】→【转换为位图】和【位图】→【模糊】→【动态模糊】菜单命令，如图 8-136 和图 8-137 所示。

图8-136

图8-137

STEP32 选择"文字工具"✐输入文字，设置文字属性，字体为"宋体"，大小为"18pt"，填充颜色，色值为"C0、M0、Y0、K0"，旋转角度，并放在包装的适合位置，如图 8-138、图 8-139 和图 8-140 所示。

图8-138

图8-139

图8-140

STEP33 继续将文字旋转角度，并放在包装的合适位置，如图 8-141 和图 8-142 所示。

图8-141

图8-142

STEP34　选中整个包装按【Ctrl+G】组合键群组，并按【Ctrl+C】和【Ctrl+V】组合键复制，之后拖动鼠标左键将其缩小，如图 8-143 和图 8-144 所示。

图8-143

图8-144

STEP35　选中后面的包装，执行【效果】→【调整】→【亮度/对比度/强度】命令，调整其对比度，如图 8-145、图 8-146 和图 8-147 所示。

图8-145

图8-146

图8-147

STEP36　复制包装整体，选择属性栏中的"镜像"命令，执行镜像效果，选择"交互式透明工具" 调整透明度，之后执行【效果】→【图框精确剪裁】→【放置在容器中】菜单命令，如图 8-148 所示。

图8-148

STEP37　选中上一步的倒影部分，执行【位图】→【转换为位图】和【位图】→【模糊】→【动态模糊】菜单命令，如图 8-149、图 8-150 和图 8-151 所示。本案例的最终效果如图 8-152 所示。

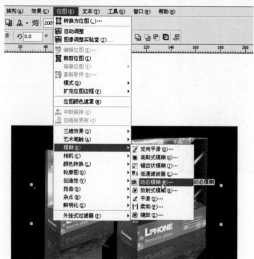

图8-149

图8-150

图8-151

图8-152

风
云

FENG YUN

II

第9章

服装、鞋帽的包装设计

9.1 基础技术汇讲

作为时尚生活中最突出的代表，服装、鞋帽的包装首当其冲的关注要素就在于如何与产品取得交相辉映的效果搭配。而不同的服装、鞋帽对时尚的诠释都有自己的独到之处，我们的设计就要注重这种诠释的升华，无论包装体型或色彩都应注重统一。

能够直接向消费者展示商品本身的包装越来越普遍，在服装的包装上尤为突出。这样使消费者看到商品的形象、颜色、质地，让其在心理上对商品产生信任感。开窗的形式多种多样，对于服装的包装来讲，可以根据商品包装上的图形进行开窗，使盒内服装的纹样、质地及色彩等信息都能突显出来，而且能够起到装饰作用。

服装也是商品，它的设计与其他商品没有大的区别，包装上的要素也要突显出来。包装上的图片、文字及背景的配置，必须突显商品自身的性质，从而推销商品本身。

服装包装图案对顾客的视觉刺激更明显一些，也更具体一些，所以要想顾客在主观上对该商品产生强烈的说服力，那么要遵循几个基本原则。（1）形式与内容要统一。也就是说，包装上的图形所表达出来的意向应与该产品相辅相成；（2）颜色悦目。一般情况下，消费者在注意某种商品时，其颜色首先刺激消费者的反应，这种反应作用于人的心理，并产生相应的心理反应，尤其对服装、鞋帽这些外在的商品。

鞋子的包装目前来说形式比较单一，一般都是以长方体的形式出现。这种长方体的包装最主要的科学性就是便于收藏，不仅有效地保护鞋子本身，而且会节省收藏空间。

在本章中多运用基本的造型工具，实现服装、鞋帽的包装绘制，并使用各种填充工具，添加不同的效果，如添加透视来制作立体包装。

常用工具的具体意义和功能如下表所示。

图　标	工具名称	意义和功能
	贝济埃工具	利用该工具可以轻松绘制平滑线条
	椭圆形工具	利用该工具可以绘制相关的圆形图案
	交互式透明工具	利用该工具可以调整图案的透明度
	文字工具	利用该工具可以输入不同的文字图案

9.2 精彩实例荟萃

实例01 绘制儿童鞋的包装

【技术分析】

综观鞋盒发展历程，从原来的单调、简单已经发展到现在的高档、华丽、美观、实用、替代其他物品承装包装的现状了，并且还有继续发展的趋势。

鞋盒分为：女式、男式、儿童、运动、劳保等。

鞋盒结构：又分为瓦楞纸板裱糊和厚纸板裱糊与单纸板压模。

　　鞋盒造型：分为成品天地盖型、折叠天地盖型、抽屉型、上摇盖型、上下对摇盖型等。

　　鞋盒表面加工：现在有彩色胶版印刷、丝网柔性印刷、水性印刷等，还有覆膜、烫金、压纹、打孔等。

　　本节介绍一种儿童鞋包装的制作，鞋分为各种号码，因此对于鞋盒也无法进行准确的规定，常见的鞋盒形状为长方体，但随着人们对于美丽的追求，随着鞋子的各种样式的变化，鞋盒的形状也有了进一步的美化。此案例中的色调就是以儿童喜欢的鲜艳明快的颜色来定位的，图案也是以儿童喜爱的卡通图案为主。其中利用基本的造型工具如"贝济埃工具"、"椭圆形工具"及"文字工具"完成此包装的绘制。得到的最终效果如图9-1所示。

　　其平面效果图见图9-1右图。

图9-1

　　本例的制作流程分三部分。第1部分应用"贝济埃工具"绘制卡通图案，如图9-2所示；第2部分绘制盒体，如图9-3所示；第3部分制作最终效果图，如图9-4所示。

图9-2　　　　　　　　　　　图9-3　　　　　　　　　　　图9-4

【制作步骤】

STEP01　　选择【文件】→【新建】菜单命令或者按【Ctrl+N】组合键，新建一个 A4 大小的文件。

STEP02　　选择工具箱中的"贝济埃工具"，绘制封闭的卡通猫的轮廓，填充黑色并去掉轮廓线，如图 9-5 所示。

STEP03　　选择工具箱中的"贝济埃工具"，绘制小猫脸的轮廓，填充颜色，色值为"C0、M0、Y100、K0"，去掉轮廓线，如图 9-6 所示。

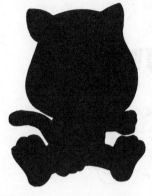

图9-5

图9-6

STEP04　继续选择"贝济埃工具" 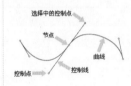 绘制小猫的耳朵，填充颜色，色值为"C0、M20、Y20、K60"，如图 9-7 和图 9-8 所示。

图9-7

图9-8

STEP05　继续选择"贝济埃工具"绘制小猫的脸部，如图 9-9 和图 9-10 所示。

图9-9

图9-10

STEP06　继续选择"贝济埃工具"，绘制小猫身体的花纹，填充颜色，色值为"C0、M0、Y100、K0"，如图 9-11 所示。

STEP07　继续选择"贝济埃工具"绘制小猫尾巴的花纹，填充颜色，色值为"C0、M0、Y100、K0"，如图 9-12 所示。

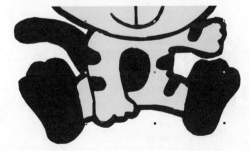

图9-11

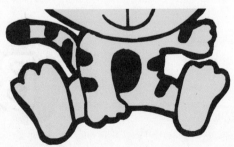

图9-12

STEP08　继续选择"贝济埃工具" ，绘制小猫的胸前和脚掌的图案，填充颜色，色值为"C0、M80、Y100、K0"，如图 9-13 和图 9-14 所示。

图9-13　　　　　　　　　　　　　　　　　　　图9-14

STEP09　选择"文字工具" 🖼，输入文字，设置文字属性，字体为"Hobo Std"，大小为"31.6pt"，填充白色，轮廓线设置为黑色，如图 9-15 和图 9-16 所示。

图9-15　　　　　　　　　　　　　　　　　　　图9-16

STEP10　选择"贝济埃工具" ，勾勒文字的轮廓，填充颜色，其色值为"C0、M72、Y96、K0"，如图 9-17 所示。

图9-17

STEP11　打开轮廓图泊物窗，执行"向外"的命令，并按【Ctrl + K】组合键拆分轮廓图群组，如图 9-18 和图 9-19 所示。

图9-18　　　　　　　　　图9-19

STEP12 选择上一步的轮廓图案，为其填充渐变颜色，色值为"C36、M88、Y100、K2- C0、M0、Y0、K90"，如图9-20、图9-21和图9-22所示。

图9-20

图9-21

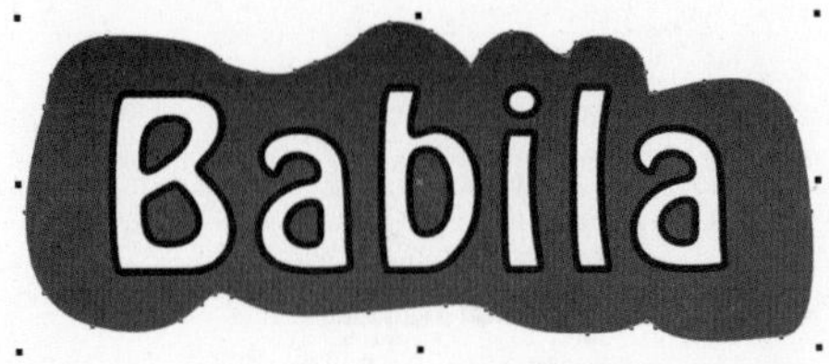

图9-22

STEP13 选择上一步的轮廓图案，单击鼠标右键，在弹出的菜单中选择【顺序】→【向后一层】菜单命令，如图9-23和图9-24所示。

图9-23

图9-24

STEP14 选择"文字工具" 字，输入单个文字，设置文字属性，字体为"方正少儿简体"，大小为"40.08pt"，如图9-25和图9-26所示。

巴比
啦
童
装

图9-25

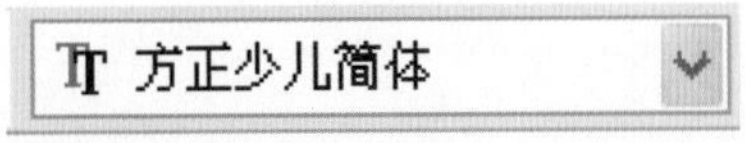

TT 方正少儿简体

图9-26

STEP15 为每个文字填充颜色，颜色设置分别为"C0、M0、Y100、K0"、"C100、M0、Y100、K0"、"C0、M100、Y100、K0"、"C40、M40、Y0、K0"、"C100、M20、Y0、K0"，轮廓线为黑色，如图9-27、图9-28、图9-29、图9-30和图9-31所示。

知识链接

应用均匀填充
可以在对象中应用均匀填充。均匀填充是可以使用颜色模型和调色板来选择或创建的纯色。
软件界面的右侧有默认的CMYK颜色调板，可在此方便地选择需要的颜色。
单击"填充展开工具栏"中的"填充面板"可以自定义填充颜色。

图9-27   图9-28   图9-29   图9-30   图9-31

STEP16   选择"贝济埃工具" ，绘制不规则图形，将其复制，选择"形状工具" 调整节点，如图 9-32、图 9-33 和图 9-34 所示。

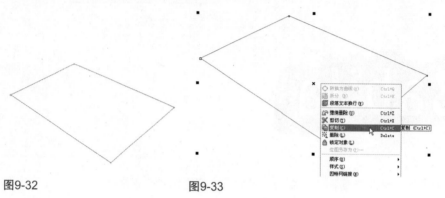

图9-32   图9-33

图9-34

STEP17   选择"形状工具" ，调整上一步复制图形的节点，得到一个鞋盒的轮廓，如图 9-35、图 9-36、图 9-37 和图 9-38 所示。

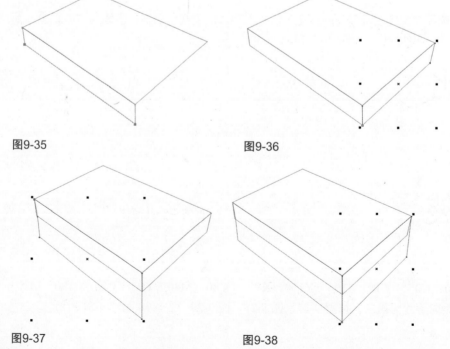

图9-35   图9-36

图9-37   图9-38

STEP18 填充渐变颜色，色值为"C31、M10、Y95、K2- C0、M7、Y84、K0"，如图 9-39 和图 9-40 所示。

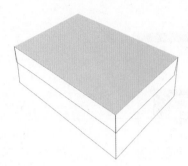

图9-39

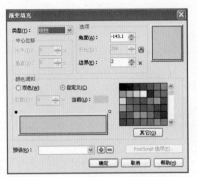

图9-40

STEP19 填充渐变颜色，色值为"C4、M26、Y96、K0- C3、M17、Y97、K0"，如图 9-41 和图 9-42 所示。

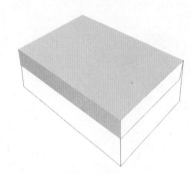

图9-41

图9-42

STEP20 填充渐变颜色，色值为"C16、M29、Y96、K0- C19、M40、Y96、K0"，如图 9-43 和图 9-44 所示。

图9-43

图9-44

STEP21 填充渐变颜色，色值为"C4、M26、Y96、K0- C16、M29、Y96、K0"，如图 9-45 和图 9-46 所示。

图9-45

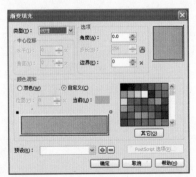

图9-46

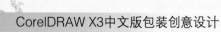
STEP22　填充渐变颜色，色值为"C3、M10、Y95、K0- C3、M17、Y97、K0"，如图 9-47 和图 9-48 所示。

图9-47

图9-48

STEP23　将各部分的图案组合，放在盒子的正面，如图 9-49 和图 9-50 所示。

图9-49

图9-50

STEP24　将小猫的图案也放在合适的位置，执行【效果】─【添加透视】菜单命令，如图 9-51、图 9-52 和图 9-53 所示。

图9-51

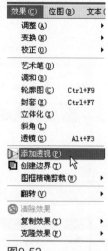

图9-52

图9-53

STEP25　选择"文字工具" ，输入文字，设置文字属性，字体为"Giddyup Std"，大小为"30pt"，填充颜色，其色值为"C0、M0、Y0、K40"，如图 9-54 和图 9-55 所示。

图9-54

图9-55

STEP26 将上一步得到的图案复制并放在合适的位置，如图9-56和图9-57所示。

图9-56

图9-57

STEP27 将（13）步得到的图案复制并放在侧面合适的位置，如图9-58所示。

STEP28 选择"文字工具"，输入文字，设置文字属性，字体为"方正少儿简体"，大小为"15 pt"，填充颜色，其色值为"C55、M98、Y96、K14"，如图9-59和图9-60所示。

图9-58

图9-59

| 方正少儿简体 |
图9-60

STEP29 选择"椭圆形工具"绘制一个椭圆形，填充颜色，其色值为"C0、M72、Y96、K0"。复制该椭圆并按住【Shift】键同心缩小，"C0、M0、Y100、K0"，如图9-61和图9-62所示。

使用技巧

绘制同心圆的方法：先绘制一个圆或椭圆，将其选中后进行缩小，在缩小的同时按住【Shift】键，在调整好大小位置后不松开当前的任何按键，同时再单击鼠标右键，完成同心圆的绘制。

图9-61

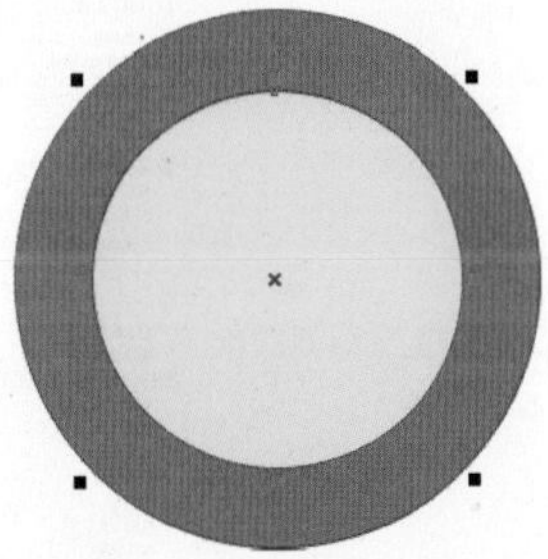

图9-62

STEP30 将上一步得到的图案和前面绘制完成的图案拼合，得到一个新的组合，放在侧面位置，如图9-63、图9-64和图9-65所示。

图9-63

图9-64

图9-65

STEP31　继续复制绘制好的文字图案,放在侧面位置并旋转角度和执行透视效果,如图9-66和图9-67所示。

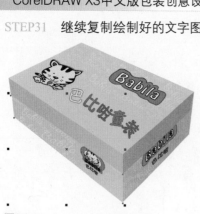

图9-66　　　　　　　　　　　　　　　　　　图9-67

STEP32　选择"贝济埃工具" ,绘制不规则图形,放在合适位置作为阴影,如图9-68和图9-69所示。

图9-68　　　　　　　　　　　　　　　　　　图9-69

STEP33　将上一步的图案执行【位图】→【转换为位图】和【位图】→【模糊】→【高斯式模糊】菜单命令,如图9-70、图9-71和图9-72所示。本案例的最终效果如图9-73所示。

图9-70　　　　　　　　　　　　　　　　　　

图9-71

图9-72　　　　　　　　　　　　　　　　　　图9-73

实例02 美体内衣的包装设计

【技术分析】

美体内衣的设计无非是突显身材的曲线，那么就需要流畅的曲线来作为装饰，设计说明本包装所采用的结构是摇盖开窗式，也类似于衬衫包装。所不同的是打破了传统的死板的四方盒包装，本包装在正面开窗，从而可以让人更好地看到里面的产品。本节就介绍一种美体内衣包装的制作，此案例中的色调就是按照内衣本身的性质来定位的。其中利用基本的造型工具"贝济埃工具"、"椭圆形工具"、"文字工具"，以及运用各种效果完成一个包装的绘制。得到的最终效果如图9-74所示。

其平面效果图见9-74右图。

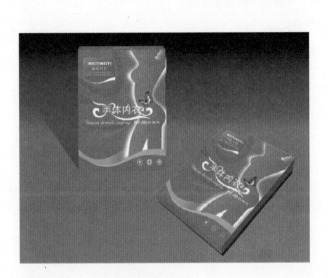

图9-74

本例的制作流程分两部分。第1部分应用基本的造型工具绘制标签的基本轮廓并填充颜色，如图9-75所示；第2部分制作包装的立体效果。本案例的最终效果如图9-76所示。

图9-75

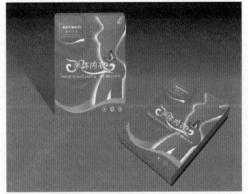

图9-76

【制作步骤】

STEP01 选择【文件】→【新建】菜单命令或者按【Ctrl+N】组合键，新建一个A4大小的文件。

STEP02 选择工具箱中的"矩形工具"，在页面中间绘制一个矩形，将其填充颜色，色值为"C0、M96、Y96、K0"，并去掉轮廓线，如图9-77所示。

STEP03 选择工具箱中的"椭圆形工具" ⬭，在矩形的左上角绘制两个椭圆形，如图9-78 和图9-79所示。将几个图形选中，选择属性栏中的"后减前"命令，如图9-80所示。

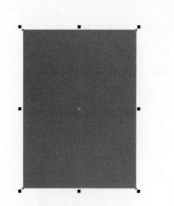

图9-77

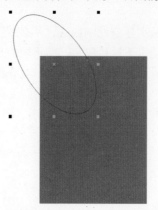

图9-78

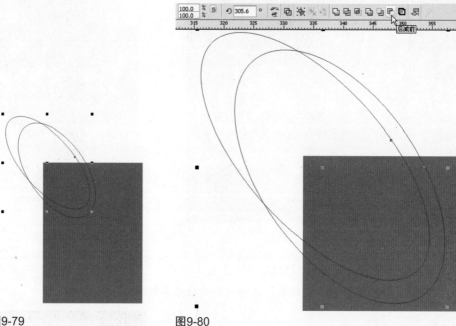

图9-79　　　　　　　　　　　图9-80

STEP04 将上一步的图案填充颜色，其色值为"C0、M96、Y96、K0"，如图9-81和图9-82所示。

图9-81

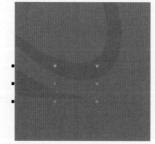

图9-82

STEP05 选择"贝济埃工具" ✑绘制不规则图形，填充颜色，其色值为"C0、M99、Y95、K0"，继续绘制不规则图形，填充渐变颜色，色值为"C0、M90、Y96、K0 – C0、M99、Y95、K0"，如图9-83、图9-84和图9-85所示。

图9-83   图9-84   图9-85

STEP06 选择"贝济埃工具"  绘制不规则图形，填充渐变颜色，色值为"C1、M36、Y94、K0 – C3、M10、Y95、K0 – C1、M36、Y94、K0"，如图 9-86 和图 9-87 所示。

图9-86   图9-87

STEP07 继续选择"贝济埃工具" 绘制不规则图形，填充渐变颜色，色值为"C1、M36、Y94、K0 – C3、M10、Y95、K0"，如图 9-88 和图 9-89 所示。

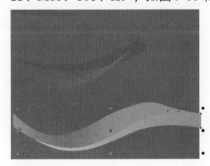

图9-88   图9-89

STEP08 继续选择"贝济埃工具" 绘制女性侧面的曲线，填充渐变颜色，色值为"C0、M62、Y95、K0 – C0、M96、Y96、K0"，如图 9-90 和图 9-91 所示。

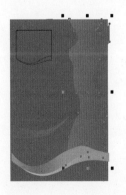

图9-90   图9-91

STEP09 复制上一步的图形，填充白色，如图 9-92 和图 9-93 所示。

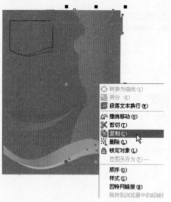

图9-92

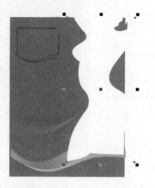

图9-93

STEP10 先后执行【位图】→【转换为位图】、【位图】→【模糊】→【高斯式模糊】菜单命令，如图 9-94、图 9-95、图 9-96 和图 9-97 所示。并按【Ctrl+Page Down】组合键将其执行向后一层的设置，如图 9-98 所示。

图9-94

图9-95

图9-96

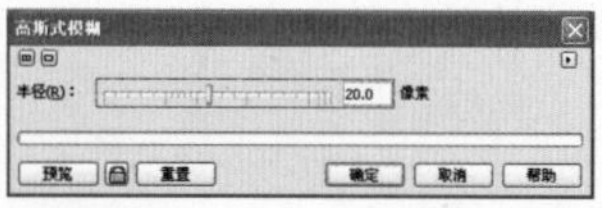

图9-98

图9-97

STEP11 继续选择"贝济埃工具" 绘制不规则图形，填充渐变颜色，色值为"C0、M0、Y0、K10 – C0、M0、Y0、K0-C0、M0、Y0、K10 – C0、M0、Y0、K0"，如图 9-99 和图 9-100 所示。

图9-99

图9-100

STEP12 继续填充渐变颜色，色值为"C1、M36、Y94、K0 – C6、M96、Y96、K0"，如图 9-101 和图 9-102 所示。

使用技巧

在"高斯式模糊"对话框中可以设置模糊半径的像素值，像素值越高模糊程度越高。

图9-101

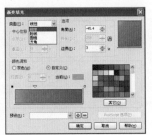

图9-102

STEP13 复制上一步的图案，填充渐变颜色，色值为"C0、M62、Y95、K0 – C4、M96、Y96、K0"，如图 9-103 和图 9-104 所示。

图9-103

图9-104

STEP14 选择工具箱中的"文字工具" ，输入"MEITINEIYI"，设置文字属性，字体为"Kabel Ult BT"，大小为"25"，填充白色，如图 9-105 和图 9-106 所示。

图9-105

图9-106

STEP15 继续选择"文字工具" ，输入"美体内衣"及其说明文字，设置文字属性，字体为"经典中圆简"，大小分别为"19.5pt"和"14.5pt"，填充白色，并放在合适的位置，如图 9-107、图 9-108 和图 9-109 所示。

图9-107

图9-108

图9-109

STEP16 继续选择"文字工具" 输入"美体内衣"，设置文字属性，字体为"黑体"，大小为"45.6pt"，填充白色，并放在合适的位置。单击鼠标右键，选择【转换为曲线】菜单命令，选择"形状工具" 调整节点，如图 9-110、图 9-111、图 9-112、图 9-113 和图 9-114 所示。

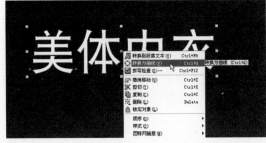

图9-110

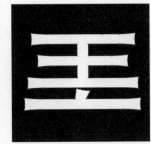

图9-111

209

图9-112

图9-113

图9-114

STEP17　继续选择"文字工具" ，输入文字，设置文字属性，字体为"Amaze"，大小为"18pt"，填充白色，并放在合适的位置，单击鼠标右键，选择【转换为曲线】菜单命令，如图 9-115 和图 9-116 所示。

图9-115

图9-116

STEP18　继续选择"文字工具" ，输入文字，设置文字属性，字体为"经典粗黑简"，大小为"18pt"，填充白色，并放在合适的位置，单击鼠标右键，选择【转换为曲线】菜单命令，如图 9-117 和图 9-118 所示。

STEP19　继续选择基本形状工具，绘制标志图案，如图 9-119 所示。

图9-117

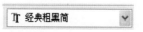

图9-118

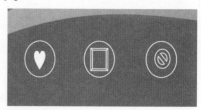

图9-119

STEP20　选择【文件】→【导入】菜单命令，导入素材图形——蝴蝶，放在合适的位置，如图 9-120、图 9-121 和图 9-122 所示。

图9-120

图9-121

图9-122

STEP21　选择"矩形工具"，绘制一个矩形，填充渐变颜色，色值为"C0、M80、Y96、K0 – C0、M0、Y0、K100"，如图 9-123 和图 9-124 所示。

图9-123

图9-124

STEP22　选择"贝济埃工具"，绘制包装的顶部，填充颜色，色值为"C0、M80、Y96、K0"，如图 9-125 所示。将文字部分执行【效果】→【添加透视】菜单命令，如图 9-126、图 9-127 和图 9-128 所示。

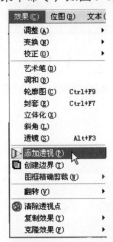

图9-125

图9-126

图9-127

图9-128

STEP23　选择"贝济埃工具"，绘制包装的阴影部分，填充颜色，色值为"C0、M80、Y96、K20"，如图 9-129 所示。

STEP24　选择"交互式透明工具"，将上一步的图案添加透明效果，如图 9-130 所示。

图9-129

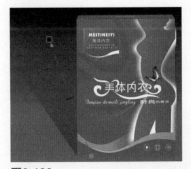

图9-130

STEP25　选择【位图】→【转换为位图】菜单命令，并对其进行编辑，如图 9-131、图 9-132、图 9-133 和图 9-134 所示。

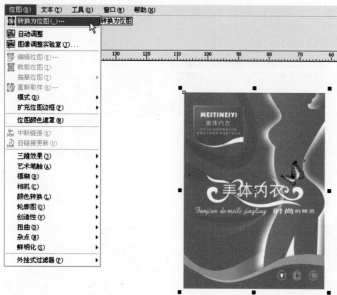

图9-131

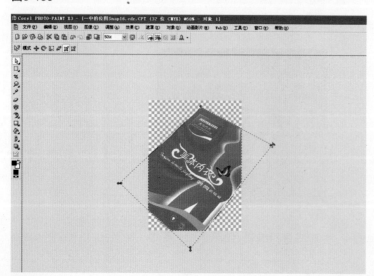

图9-132

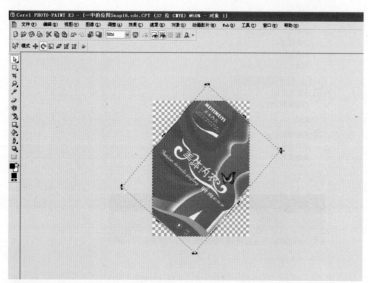

图9-133

图9-134

STEP26　选择"贝济埃工具" 绘制两个不规则图形，分别填充颜色，色值为"C22、M100、Y98、K0"和"C2、M96、Y95、K0"，继续绘制不规则图形作为包装的阴影部分，填充颜色，其色值为"C0、M0、Y90、K0"，并按【Ctrl+Page Down】组合键将其放在包装的后面，如图9-135和图9-136所示。本案例的最终效果如图9-137所示。

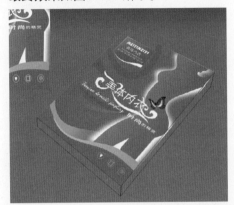

图9-135

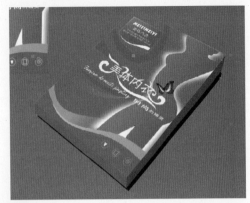

图9-136

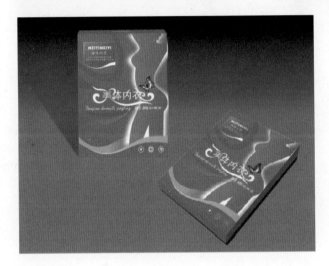

图9-137

風雲

FENG YUN

II

第10章

文教视听产品的包装设计

10.1　基础技术汇讲

　　科技感是文教视听产品的主要表现要素，在此类产品的包装设计中，如何表现出一种文教视听产品的专属形象是我们设计的重心。此类包装的体型和色彩注重大方、实用。

　　文教视听产品包装的设计原则应遵循包装设计的基本原则：

　　科学原则——包装设计必须首先考虑包装的功能，达到保护产品、提供方便和扩大销售的目的；符合人们日常生产与生活的需要；同时还要符合广大群众健康的审美观和风俗爱好。

　　经济原则——要求包装设计必须符合现代先进的工业生产水平，做到以最少的财力、物力、人力和时间来获得最大的经济效果。

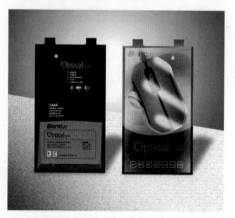

　　可靠原则——要求包装设计保护产品可靠，不能使产品在各种流通环节上损坏、污染或被偷窃。

　　美观原则——广大群众的共同要求。包装设计必须在功能与物质和技术条件允许的条件下，为被包装的产品创造出生动、完美、健康、和谐的造型设计与装潢设计，从而激发人们的购买欲望，美化人们的生活，培养人们健康、高尚的审美情趣。

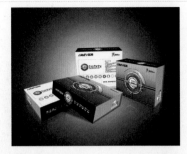

　　在本章中多运用基本的造型工具，实现文教视听产品的绘制，并使用各种填充工具，以及添加不同的效果，如交互式阴影效果来制作图案的阴影。

　　常用工具的具体意义和功能如下表所示。

图　标	工 具 名 称	意义和功能
	贝济埃工具	利用该工具可以轻松绘制平滑线条
	椭圆形工具	利用该工具可以绘制相关的圆形图案
	交互式透明工具	利用该工具可以调整图案的透明度
	交互式阴影工具	利用该工具可以为图案添加阴影效果

10.2　精彩实例荟萃

实例01　抽象光盘包装设计

【技术分析】

　　本节介绍的是一种抽象光盘的制作，那么该包装设计的时候要考虑抽象元素多一些。通常所指的抽象图形是用点、线、面几何图形构成的形象。它可以表现得更概括、简洁、新颖，更具有现代美感。抽象图形虽然没有直接的含义，但通过抽象图形产生的感觉同样可以传达一定的信息。在设计时，要特别注重意义的联想及形式美感的创造。

　　印刷方面可采用纸类印刷，选用纸张不宜过薄，面料可选用 157g 哑粉纸，印刷工艺采用四色平版印刷，表面过哑胶。

　　本节介绍一种光盘包装的制作，此案例是一种抽象光盘的包装，为了增加其抽象效果，颜色以蓝灰色调为主。其中利用基本的造型工具"贝济埃"工具、"椭圆形工具"及"文字工具"完成一个包装的绘制，并添加各种不同的效果。得到的最终效果如图10-1所示。

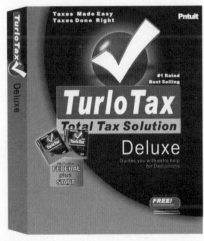

图10-1

本例的制作流程分三部分。第1部分应用"贝济埃工具"、"椭圆形工具"绘制包装的基本轮廓，如图10-2所示；第2部分应用"文字工具"添加局部图案及其文字。包装的最终效果如图10-3所示。

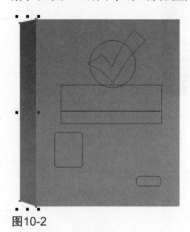

图10-2

图10-3

【制作步骤】

STEP01 选择【文件】→【新建】菜单命令或者按【Ctrl+N】组合键，新建一个 A4 大小的文件。

STEP02 选择工具箱中的"矩形工具"，在页面中间绘制一个矩形，单击鼠标右键，选择【复制】命令，如图 10-4 和图 10-5 所示。

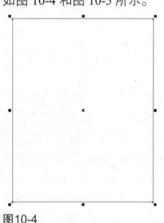

图10-4

图10-5

STEP03 在复制的矩形处单击鼠标右键，在弹出的菜单中选择【转换为曲线】菜单命令，选择"形状工具"调整节点，如图 10-6 和图 10-7 所示。

图10-6

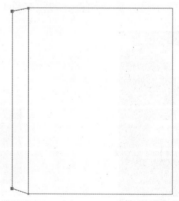

图10-7

STEP04 选择工具箱中的"椭圆形工具"绘制一个正圆，如图 10-8 所示。选择工具箱中的"贝济埃工具"，在正圆的基础上绘制一个不规则图形，如图 10-9 所示。

图10-8

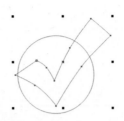

图10-9

STEP05 选择工具箱中的"矩形工具" 🖳,绘制两个矩形,如图 10-10 和图 10-11 所示。继续绘制矩形,并将其进行圆角设置 ↺ ⃞.0 ⃝ ⌇ ⃞ 8 ⃞ ⌇ ⌇ 8 ⃞ ⌇ ⌇ 8 ⃞ ⌇ ⌇ 发丝 ⌄,如图 10-12、图 10-13 和图 10-14 所示。

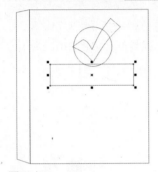

图10-10

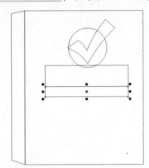

图10-11

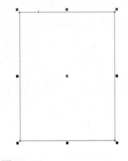

图10-12

图10-13

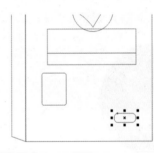

图10-14

STEP06 将包装的正面和侧面填充颜色,颜色设置分别为"C42、M34、Y31、K1"和"C56、M52、Y45、K4",如图 10-15 和图 10-16 所示。

图10-15

图10-16

STEP07 选择工具箱中的"椭圆形工具" ⬭,绘制一个正圆,填充渐变颜色,颜色设置为"C97、M79、Y1、K0 – C936、M87、Y60、K45",如图 10-17 和图 10-18 所示。

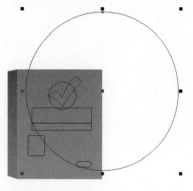

图10-17

图10-18

STEP08　选择"交互式透明工具" 进行透明设置，如图10-19和图10-20所示。得到的效果如图10-21所示。

STEP09　选择工具箱中的"椭圆形工具" ，绘制两个同心圆，分别填充颜色，色值为"C73、M29、Y0、K0"和"C100、M87、Y0、K0"，并按【Ctrl+C】和【Ctrl+V】组合键将小圆复制，如图10-22所示。

图10-19

图10-20

图10-21

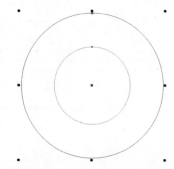

图10-22

STEP10　选择工具箱中的"交互式调和工具" ，将上一步得到的图案进行调和，如图10-23和图10-24所示。

图10-24

图10-23

STEP11　将第（9）步复制的小圆填充颜色，色值为"C37、M100、Y98、K2"，如图10-25所示。选择"交互式阴影工具" 为其添加阴影，如图10-26、图10-27和图10-28所示。

图10-25

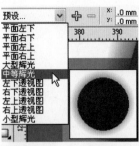

图10-26

图10-28

图10-27

STEP12 将第（4）步的不规则图形填充颜色，其色值为"C0、M0、Y0、K0"，如图10-29所示，执行【效果】→【斜角】菜单命令，如图10-30和图10-31所示。

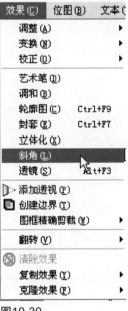

图10-29

图10-30

图10-31

STEP13 选择"交互式阴影工具" 为上一步的图形添加阴影，如图10-32、图10-33、图10-34和图10-35所示。

图10-32

图10-33

图10-34

图10-35

STEP14 为矩形填充颜色，色值为"C5、M99、Y95、K0"，如图 10-36 所示。执行【效果】→【斜角】菜单命令，如图 10-37 所示。继续为另一个矩形填充颜色，色值为"C1、M14、Y89、K0"，继续执行斜角效果，如图 10-38、图 10-39 和图 10-40 所示。

图10-36

图10-37

图10-38

图10-39

图10-40

STEP15 为圆角矩形填充渐变颜色，色值为"C4、M26、Y93、K0 – C21、M68、Y91、K0"，如图 10-41 和图 10-42 所示。

STEP16 为圆角矩形填充颜色，色值分别为"C0、M99、Y96、K0"和"C2、M53、Y58、K0"，如图 10-43 所示。

图10-41

图10-42

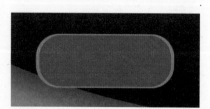

图10-43

STEP17　选择工具栏中的"文字工具" 输入文字,设置文字属性,字体分别为"Arial Black"和"Arial",大小分别为"11.2pt"、"16pt"、"73.5pt"、"72.3pt"、"4.5pt",分别填充颜色,色值分别为"C0、M0、Y0、K0"和"C5、M5、Y88、K0",如图10-44、图10-45、图10-46和图10-47所示。继续输入文字,如图10-48、图10-49、图10-50和图10-51所示。

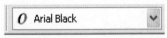

图10-44

图10-45

图10-46

图10-47

图10-48

图10-49

图10-50

图10-51

STEP18　选择工具栏中的"椭圆形工具" 绘制一个椭圆形,填充颜色,色值为"C0、M0、Y0、K0",如图10-52所示。旋转角度,如图10-53所示。执行【位图】→【转换为位图】和【位图】→【模糊】→【高斯式模糊】菜单命令,如图10-54、图10-55和图10-56所示。得到高光效果,如图10-57和图10-58所示。

图10-52

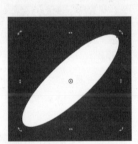

图10-53

图10-54

图10-55

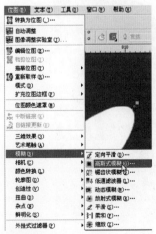

图10-56

图10-57

图10-58

STEP19 继续输入文字,设置文字属性,字体分别为"Arial Black"和"Arial",大小分别为"9.5pt"、"14pt",分别填充黑色和白色,放在第(15)步得到的图形上面,如图10-59所示。

STEP20 选择"矩形工具"□绘制一个矩形,填充渐变颜色,色值为"C95、M90、Y56、K38 – C93、M60、Y18、K0",如图10-60、图10-61和图10-62所示。

图10-59

图10-60

图10-61

图10-62

STEP21 选中侧面的图形,按【Ctrl+G】组合键将其群组,之后执行【效果】→【图框精确剪裁】→【放置在容器中】菜单命令,如图10-63、图10-64和图10-65所示。得到的效果如图10-66、图10-67和图10-68所示。

图10-63

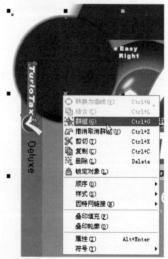

图10-64

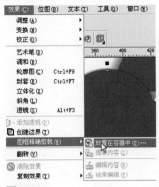

图10-65

图10-66

图10-67

图10-68

STEP22 按【Ctrl+G】组合键将将上一步得到的图形群组,将其复制并旋转角度,如图 10-69 和图 10-70 所示。

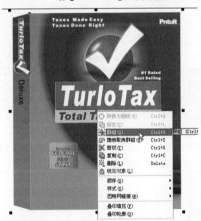

图10-69

图10-70

STEP23 按【Ctrl+G】组合键,将上一步得到的图形群组,选择"交互式阴影工具" 添加阴影,如图 10-71 和图 10-72 所示。得到的最终效果如图 10-73 所示。

图10-71

图10-72

图10-73

实例02 教育软件包装设计

【技术分析】

教育软件的包装设计，为了要体现其学术性，其设计不能太过张扬，需要温文尔雅。本节介绍一种教育软件包装的制作，此案例中的色调就是按照产品本身的颜色来定位的。其中利用基本的造型工具"贝济埃工具" 、"椭圆形工具" 及"文字工具" 完成一个包装的绘制，组合起来就得到一个包装完整的效果。得到的最终效果如图10-74所示。

图10-74

本例的制作流程分两部分。第1部分应用"贝济埃工具" 绘制包装的主题图案并填充颜色，如图10-75所示；第2部分继续绘制包装的轮廓，添加局部图案及其文字，得到一个包装的效果，如图10-76所示。

图10-75   图10-76

【制作步骤】

STEP01   选择【文件】→【新建】菜单命令或者按【Ctrl+N】组合键，新建一个 A4 大小的文件。

STEP02   选择工具箱中的"贝济埃工具" ，绘制一个不规则图形，填充渐变颜色，其色值为"C0、M0、Y84、K0 – C0、M50、Y10、K100"，如图 10-77 和图 10-78 所示。

图10-77   图10-78

STEP03　选择工具箱中的"贝济埃工具" ，绘制一个不规则图形，填充渐变颜色，其色值为"C0、M20、Y20、K60 – C0、M20、Y20、K60"，如图 10-79 和图 10-80 所示。

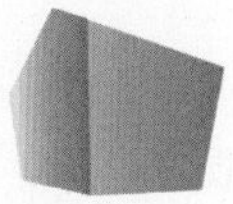

图10-79

图10-80

STEP04　继续选择"贝济埃工具" ，绘制屋顶及旗杆部分，填充颜色，色值为"C0、M100、Y100、K0"，如图 10-81 和图 10-82 所示。

图10-81

图10-82

STEP05　选择工具箱中的"贝济埃工具" ，绘制一个不规则图形，填充渐变颜色，其色值为"C0、M20、Y0、K0 – C0、M10、Y0、K0"，如图 10-83 和图 10-84 所示。

图10-83

图10-84

STEP06　选择工具箱中的"贝济埃工具" ，绘制一个不规则图形，添加旗子的立体效果，颜色设置为"C0、M64、Y0、K27"，如图 10-85 和图 10-86 所示。

图10-85

图10-86

STEP07　选择工具箱中的"贝济埃工具" ，绘制一个不规则图形，填充渐变颜色，其色值为"C0、M20、Y0、K0 – C0、M10、Y0、K0"，如图 10-87、图 10-88 和图 10-89 所示。

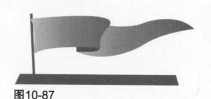

图10-87

图10-88

图10-89

STEP08 选择工具箱中的"贝济埃工具" ，绘制一个不规则图形，填充渐变颜色，其色值为"C0、M20、Y0、K0 – C0、M10、Y0、K0"，如图10-90和图10-91所示。

图10-90

图10-91

STEP09 选择工具箱中的"贝济埃工具"，绘制一个不规则图形，填充渐变颜色，其色值为"C0、M18、Y0、K0 – C0、M0、Y0、K0"，如图10-92和图10-93所示。

图10-92

图10-93

STEP10 在上述图形基础上继续绘制图形，填充颜色，颜色设置为"C0、M35、Y0、K25"，如图10-94和图10-95所示。

图10-94

图10-95

STEP11 选择工具箱中的"贝济埃工具"，绘制一个不规则图形，绘制房子的门，填充颜色，颜色设置为"C20、M0、Y0、K0"，如图10-96所示。继续绘制门的上面部分及门框，填充渐变颜色，色值为"C0、M20、Y0、K0 – C0、M10、Y0、K0"，如图10-97和图10-98所示。

图10-96

图10-97

图10-98

STEP12　选择工具箱中的"贝济埃工具" ，绘制一个不规则图形，填充渐变颜色，其色值为"C0、M20、Y0、K0 – C0、M10、Y0、K0"，并绘制高光部分，填充白色，如图10-99和图10-100所示。

图10-99

图10-100

STEP13　选择"贝济埃工具" ，绘制窗户的形状，填充渐变颜色，其色值为"C0、M20、Y0、K0 – C0、M10、Y0、K0"，并添加玻璃部分，填充颜色，颜色设置为"C20、M0、Y0、K0"，如图10-101和图10-102所示。

图10-101

图10-102

STEP14　选择"椭圆形工具" ，绘制一个椭圆形并调整节点，填充渐变颜色，其色值为"C0、M13、Y84、K0 – C56、M2、Y100、K0"，并按【Shift+Page Down】组合键将其执行放在图层最后面，如图10-103和图10-104所示。

图10-103

图10-104

STEP15　绘制草的图形，颜色设置为"C100、M20、Y100、K0"，如图10-105和图10-106所示。

图10-105

图10-106

STEP16　绘制屋前小路，颜色设置为"C0、M0、Y15、K0"，如图10-107和图10-108所示。

图10-107

图10-108

STEP17　绘制草丛效果，颜色设置为"C100、M20、Y100、K0"和"C100、M40、Y100、K0"，如图10-109和图10-110所示。

图10-109

图10-110

STEP18　将上面的草丛选中，按【Shift+Page Down】组合键将其放在图层最后面，并将其复制，填充灰色，添加阴影部分，色值为"C6、M5、Y2、K39"，并选中整个图案，将其群组，如图10-111和图10-112所示。

图10-111

图10-112

STEP19　选择"矩形工具"□绘制一个矩形，填充颜色，色值为"C0、M100、Y95、K0"，如图10-113所示。继续绘制不规则图形，填充颜色，色值为"C60、M95、Y93、K19"，如图10-114所示。

图10-113

图10-114

STEP20　选择"椭圆形工具"○绘制一个矩形，填充颜色，色值为"C60、M95、Y93、K19"，如图10-115所示。选择"交互式阴影工具"□添加阴影效果，如图10-116、图10-117和图10-118所示。

图10-115

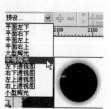

图10-116

图10-118

图10-117

STEP21 选择"贝济埃工具" 绘制不规则图形，填充颜色，色值为"C57、M92、Y89、K18"、"C2、M18、Y17、K0"、"C0、M58、Y58、K38"，如图 10-119 所示。

STEP22 选择"交互式调和工具" 进行调和效果，如图 10-120、图 10-121 和图 10-122 所示。

图10-119

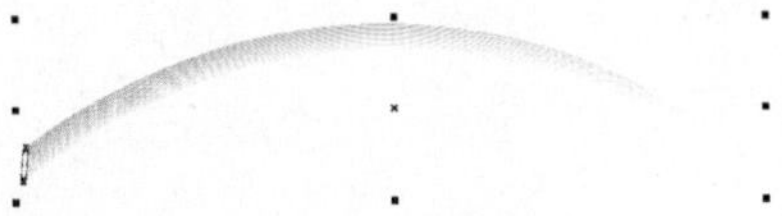

图10-120

图10-121

图10-122

STEP23 选择"交互式透明工具" 进行透明设置，如图 10-123 和图 10-124 所示。

图10-123

图10-124

STEP24 选中上一步得到的图形，单击鼠标右键，在弹出的菜单中选择【群组】命令将其群组，如图 10-125 所示。执行【效果】→【图框精确剪裁】→【放置在容器中】菜单命令，如图 10-126、图 10-127 和图 10-128 所示。

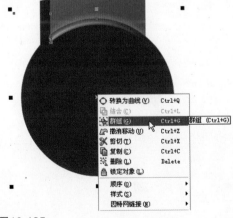

图10-125

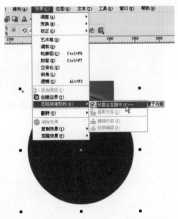

图10-126

图10-127

图10-128

STEP25 选择"文字工具" ⬚输入文字，设置文字属性，字体为"Arial Black"，大小为"15pt"，填充白色，如图10-129和图10-130所示。

图10-129

图10-130

STEP26 选择"矩形工具" ⬚绘制一个矩形，填充颜色，色值为"C0、M100、Y95、K0"，打开样式泊物窗，执行浮雕效果，如图10-131和图10-132所示。

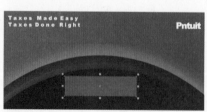

图10-131

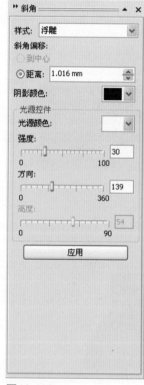

图10-132

STEP27 选择"交互式阴影工具" ⬚将上一步的矩形添加阴影效果，如图10-133、图10-134和图10-135所示。

图10-133

图10-134

图10-135

STEP28 继续输入文字,设置文字属性,字体分别为"Arial Black"和"Arial",大小为"27.865pt",填充白色,如图10-136、图10-137、图10-138和图10-139所示。

图10-136

图10-137

图10-138

图10-139

STEP29 执行【文件】→【导入】菜单命令,如图10-140所示,导入光盘 / 素材文件 /ch10/10-2-2/10-001.png、10-002.png 及 10-003.png 3 个素材图片,并适当旋转位置,将其组合,如图10-141、图10-142 图10-143、和图 10-144 所示。

图10-140

图10-141

图10-142

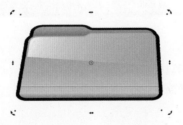

图10-143

图10-144

STEP30　将各部分组合图案放置在包装的中间位置，如图 10-145 和图 10-146 所示。本例的最终效果如图 10-147 所示。

图10-145

图10-146

图10-147

实例03　CD包装设计

【技术分析】

　　色彩在商品包装中的地位相当重要，尤其是对于CD的包装。人们越来越重视CD的包装和外观设计，不但在CD盒的形状和材料上大做文章，而且在设计意念上不断引入其他行业的概念，赋予CD产品愈来愈浓郁的文化气息。各种形式的CD特别版、收藏版、纪念版和礼盒装层出不穷，不但外形漂亮，美不胜收，而且内涵丰富，令人爱不释手，大大激发了人们对CD的收藏欲望。

　　本节介绍一种CD包装的制作，此案例中利用基本的造型工具"贝济埃工具" 、"椭圆形工具" 及"文字工具" 完成一个包装的绘制，得到的最终效果如图10-148所示。

图10-148

　　本例的制作流程分三部分。第1部分应用"贝济埃工具" 绘制一只七彩鸟，如图10-149所示；第2部分绘制另一只鸟并填充背景图案，如图10-150所示；第3部分导入素材图片，将其组合，得到一个包装的效果，如图10-151所示。

图10-149　　　　　图10-150　　　　　　　　　图10-151

【制作步骤】

STEP01　选择【文件】→【新建】菜单命令或者按【Ctrl+N】组合键，新建一个 A4 大小的文件。

STEP02　选择工具箱中的"贝济埃工具" ，绘制鸟的雏形，用曲线分割出翅膀的部分，如图 10-152 和图 10-153 所示。

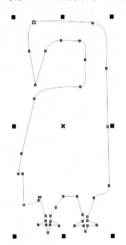

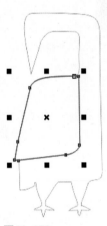

图10-152　　　　　　　　　　　　　　　图10-153

STEP03　选择"贝济埃工具" 绘制鸟的翅膀，如图 10-154、图 10-155、图 10-156 和图 10-157 所示。

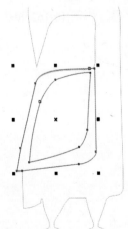

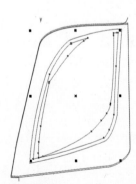

图10-154　　　　　　　　　　　　　　　图10-155

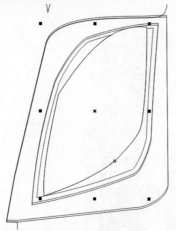

图10-156

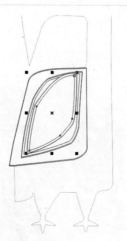

图10-157

STEP04 为鸟的翅膀填充颜色，其色值为"C96、M74、Y46、K14"、"C63、M29、Y47、K0"、"C20、M4、Y8、K0"、"C77、M81、Y0、K0"，如图 10-158、图 10-159、图 10-160 和图 10-161 所示。

图10-158

图10-159

图10-160

图10-161

STEP05 选择"手绘工具" 及"贝济埃工具" 绘制鸟的眼睛和和身体的纹理，如图 10-162 和图 10-163 所示。

图10-162

图10-163

STEP06　为鸟的眼睛填充颜色，色值为"C2、M99、Y93、K0"，如图 10-164 所示。填充鸟的身体部分，色值分别为"C89、M45、Y97、K14"、"C17、M81、Y0、K0"、"C63、M1、Y14、K0"、"C0、M09、Y0、K1"，如图 10-165、图 10-166、图 10-167 和图 10-168 所示。

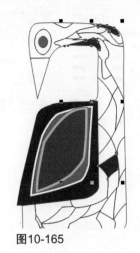
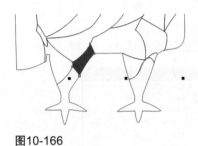

图10-164　　　　　　　图10-165　　　　　　　　　　　　　图10-166

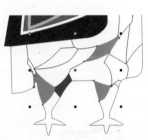

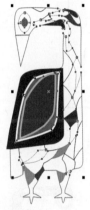

图10-167　　　　　　　　　　　　　　　　　　图10-168

STEP07　继续填充鸟身体的部分，色值分别为"C89、M31、Y0、K0"、"C96、M74、Y46、K14"、"C77、M81、Y0、K0"，如图 10-169、图 10-170 和图 10-171 所示。

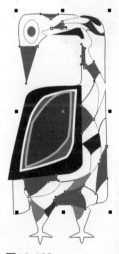

图10-169　　　　　　　　　图10-170　　　　　　　　　图10-171

STEP08　将鸟的轮廓复制，填充轮廓颜色，色值为"C34、M10、Y14、K0"，如图 10-172 和图 10-173 所示。

图10-172

图10-173

STEP09 选择底纹填充  填充鸟身体的部分，如图10-174和图10-175所示。

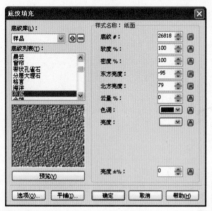

图10-174

图10-175

STEP10 选择"交互式透明工具" 执行透明效果，调整不透明度，将左右两个重合，如图10-176、图10-177和图10-178所示。

图10-176

图10-177

图10-178

STEP11 继续为另一只鸟填充颜色，色值分别为"C2、M99、Y93、K0"、"C16、M97、Y67、K0"、"C0、M89、Y81、K0"和"C72、M1、Y99、K0"，如图10-179、图10-180、图10-181、图10-182和图10-183所示。

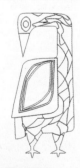

图10-179

图10-180

图10-181

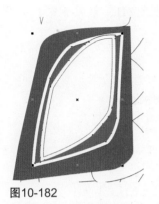

图10-182

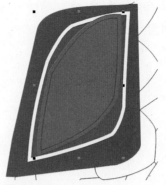

图10-183

STEP12 继续填充鸟身体的部分，色值分别为"C1、M2、Y2、K0"、"C2、M99、Y93、K0"、"C69、M12、Y23、K0"和"C66、M4、Y65、K0"，如图 10-184、图 10-185、图 10-186、图 10-187、图 10-188 和图 10-189 所示。

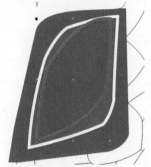

图10-184

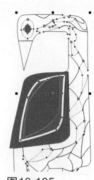

图10-185

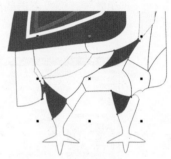

图10-186

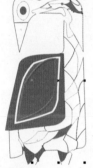

图10-187

图10-188

图10-189

STEP13 继续填充鸟的身体部分，色值分别为"C72、M1、Y99、K0"、"C8、M31、Y95、K0"，如图 10-190、图 10-191 和图 10-192 所示。

图10-190

图10-191

图10-192

STEP14 将鸟的轮廓复制，填充轮廓颜色，色值为"C72、M1、Y99、K0"，如图 10-193 和图 10-194 所示。

图10-193

图10-194

STEP15 选择底纹填充  来填充鸟的身体的部分，选择"交互式透明工具" 执行透明效果，调整不透明度，左右两个重合，如图 10-195、图 10-196 和图 10-197 所示。

图10-195

图10-196

图10-197

👉 **知识链接**

应用图样填充

双色图样填充仅由所选的两种颜色组成。全色图样填充则是比较复杂的矢量图形，可以由线条和填充组成。位图图样填充是一种位图图像，其复杂性取决于其大小、图像分辨率和位深度。

STEP16 选择"贝济埃工具"绘制不规则图形，填充颜色，色值为"C52、M7、Y97、K0"、"C99、M31、Y0、K0"和"C2、M48、Y92、K0"，如图 10-198 和图 10-199 所示。并将其执行图样填充，如图 10-200 和图 10-201 所示。

图10-198

图10-199

图10-200

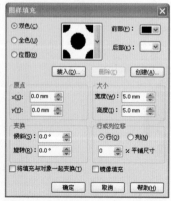

图10-201

STEP17　利用钢笔工具勾勒英文字母，填充白色，轮廓线颜色为"C77、M81、Y0、K0"，放在上一步得到的图形上面，如图 10-202、图 10-203 和图 10-204 所示。

图10-202

图10-203

图10-204

STEP18　将几个图案组合，绘制背景，填充黑色，如图 10-205 和图 10-206 所示。

STEP19　将背景填充颜色，色值为"C52、M7、Y97、K0"，填充底纹后如图 10-207 所示。

图10-205

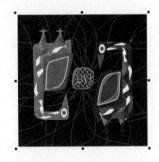

图10-206

图10-207

STEP20　将背景填充底纹，如图 10-208、图 10-209、图 10-210 和图 10-211 所示。

图10-208

图10-209

图10-210

图10-211

STEP21　执行【文件】→【导入】菜单命令，导入光盘 / 素材文件 /ch10/10-2-3/10-004.jpg，如图 10-212 所示。导入的素材图片如图 10-213 所示。

CorelDRAW X3中文版包装创意设计

图10-212　　　　　　　　　　　　　　　图10-213

STEP22　将整个图案按【Ctrl+G】组合键群组，执行【效果】→【添加透视】菜单命令，并放在上一步导入的素材图片上，如图 10-214、图 10-215 和图 10-216 所示。

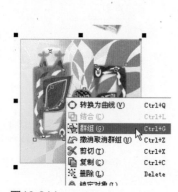

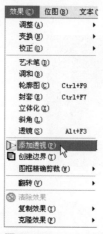

图10-214　　　　　　　　　　　　图10-215　　　　　　　　　图10-216

STEP23　将两个图案组合，得到本案例的最终效果，如图 10-217 所示。

图10-217

风云 II

FENG YUN

II

第11章

儿童玩具的包装设计

11.1 基础技术汇讲

对于儿童玩具包装设计的表现技巧，无论从图形运用、色彩对比还是从个性化设计、趣味性设计等方面来说，都要细细斟酌，体现儿童玩具应有的特性。对儿童玩具包装设计和如何增加玩具包装设计的视觉冲击力，这对儿童玩具包装的设计具有重要意义。

儿童产品包装设计有其自身的规律性、文化性、地域性、时代性和特殊性。

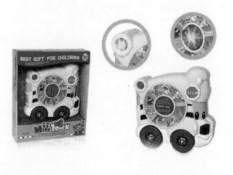

在儿童玩具设计中，针对这个特殊的消费人群，色彩的应用就显得极为重要。对于儿童而言，色彩是最容易被接受的，色彩比外形更能吸引他们的注意力。因此，儿童玩具的包装设计要将着重点放在颜色的应用和搭配上，力求符合儿童的审美意识，进入儿童的童真世界。

其次，我们在设计儿童包装时还要考虑到其包装具有特殊性，它在消费中是存在使用者和消费者相对分离的情况，因此无形中增加了包装设计的难度，设计者需要巧妙地掌握一个度才能权衡两者间的差距，既要充分考虑幼儿生理、心理、行为习惯等方面的需求，又要尊重成人的购买兴趣点和消费倾向，玩具设计就是双方需求结合的体现。

芭比娃娃玩具包装设计

在本章中多运用基本的造型工具，实现几种儿童玩具包装的绘制，并使用各种填充工具，以及添加不同的效果，如交互式阴影效果来制作图案的阴影，镜像工具来制作镜像效果等。

常用工具的具体意义和功能如下表所示。

图 标	工 具 名 称	意义和功能
⬔	贝济埃工具	利用该工具可以轻松绘制平滑线条
⬭	椭圆形工具	利用该工具可以绘制相关的圆形图案
T	文字工具	利用该工具可以添加各种文字
⬚	交互式阴影工具	利用该工具可以为图案添加阴影效果

11.2 精彩实例荟萃

实例01 儿童拼图包装设计

【技术分析】

从分析儿童对玩具包装认知的心理特征入手，探讨包装装潢设计对玩具产品所起到的重要作用。透过玩具包装装潢设计的表现技巧，从图形运用、色彩、个性化设计、趣味性设计等方面分别论述：如何进行玩具包装设计和如何增加玩具包装设计的视觉冲击力，这对未来儿童玩具包装的设计具有重要意义。

本节介绍一种儿童拼图包装的制作，此案例充分抓住儿童用品的包装特点，运用鲜明的颜色对比，增加视觉冲击力。其中利用基本的造型工具"贝济埃工具"⬔、"椭圆形工具"⬭及"文字工具"T，完成一个儿童拼图包装的绘制，得到的最终效果如图11-1所示。

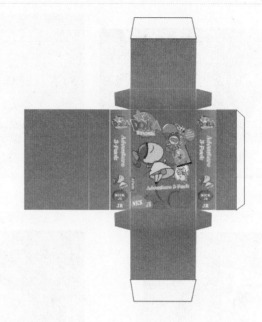

图11-1

【创作思路】

1. 产品定位

该产品是一款针对儿童的拼图。根据产品的消费群，包装的设计风格要活泼、富于童趣，包装的平面设计效果要能吸引消费者的购买欲。

2. 设计手法

包装的主色调用桃红色，体现产品的天真童趣；卡通活泼的图案和醒目的英文字母，渲染包装的视觉氛围。

本例的制作流程分三部分。第1部分应用"贝济埃工具" 绘制包装的卡通图案，并添加鲜明的颜色，如图11-2所示；第2部分继续应用"贝济埃工具" 绘制包装的另一个卡通图案，并填充颜色，如图11-3所示；第3部分应用"文字工具" 添加文字，并导入适当的素材图片，将其组合，得到一个包装的效果，如图11-4所示。

图11-2   图11-3   图11-4

【制作步骤】

STEP01   选择【文件】→【新建】菜单命令或者按【Ctrl+N】组合键，新建一个 A4 大小的文件。

STEP02   选择工具箱中的"贝济埃工具" ，在页面中间绘制一个封闭的不规则图形，如图 11-5 所示。填充渐变颜色，其色值为"C0、M96、Y56、K0 – C1、M73、Y23、K0"，选中所绘制的图形，单击鼠标右键，选择【复制】命令完成图形的复制，再选择"形状工具" 调整节点，如图 11-6 和图 11-7 所示。

图11-5

图11-6

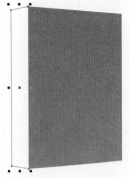

图11-7

STEP03 　选择工具箱中的"椭圆形工具" ，绘制一个椭圆形。选中所绘制的椭圆，单击鼠标右键，选择【复制】命令完成图形的复制，分别填充颜色，其色值为"C3、M59、Y5、K0"和"C0、M98、Y70、K0"，如图11-8和图11-9所示。

图11-8

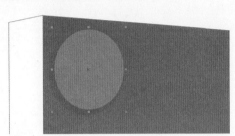

图11-9

STEP04 　选择"贝济埃工具" ，绘制一个不规则图形，填充颜色，其色值为"C0、M98、Y70、K0"，单击轮廓工具组里的"无轮廓"按钮 去掉轮廓色，复制所绘制的不规则图形，将复制后的图形向原图形的左下方移动，将其轮廓线填充为"C0、M98、Y70、K0"，如图11-10和图11-11所示。

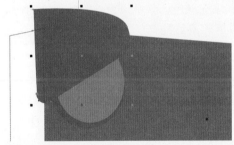

图11-10

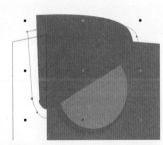

图11-11

STEP05 　选择工具箱中的"椭圆形工具" ，绘制多个大小不等的椭圆，分散放置在背景上面，具体大小和位置可不做具体规定，将所绘制的所有椭圆全部填充相同颜色，其色值为"C0、M98、Y70、K0"，如图11-12所示。

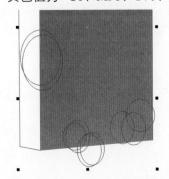

图11-12

STEP06　选择"星形工具" ，绘制一个五角星，单击鼠标右键，执行【转换为曲线】命令，如图11-13和图11-14所示。

图11-13

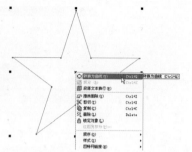

图11-14

STEP07　选择"形状工具" ，选中五角形的所有节点，选择上方属性栏的"转化直线为曲线"按钮，再选中五角形外环的5个节点，选择上方属性栏的"平滑节点"按钮，调整节点，如图11-15、图11-16和图11-17所示。

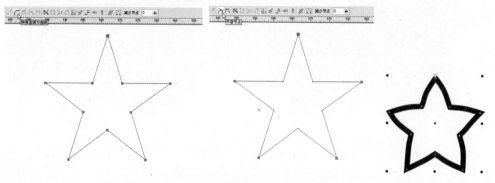

图11-15　　　　　　　　　图11-16　　　　　　　　　图11-17

STEP08　将上一步得到的图形填充颜色，其色值为"C3、M45、Y92、K0"，单击鼠标右键，选择【复制】命令复制图形，并适当缩小，将其填充颜色，其色值为"C70、M4、Y12、K0"，填充轮廓线为白色，在上方属性栏位置设置轮廓线的宽度为 1.0 mm ，如图11-18、图11-19所示。

图11-18

图11-19

STEP09　选择"交互式阴影工具" ，为上述步骤(3)~(5)中所绘制的图形添加阴影部分，设置阴影属性为 50 10 ，其中阴影的透明度为"50"，阴影的羽化为"10"，阴影颜色设置为黑色，如图11-20和图11-21所示。

图11-20

图11-21

STEP10 继续绘制两个椭圆形并分别填充颜色，其色值分别为"C2、M50、Y91、K0"，和"C2、M95、Y85、K0"，单击轮廓工具组里的"无轮廓"按钮⊠去掉轮廓色，如图11-22所示。

STEP11 绘制一个矩形，填充颜色，其色值为"C3、M45、Y92、K0"，填充轮廓颜色，其色值为"C0、M50、Y6、K0"，如图11-23和图11-24所示。

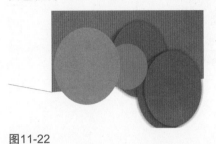

图11-22

图11-23

图11-24

STEP12 选中上一步得到的图形，单击鼠标右键，选择【转换为曲线】命令，再选择"形状工具"⚡选中该图形，在上方属性栏选择"分割曲线"⧓，将该图形分割后再单击鼠标右键，选择【拆分曲线】命令，将分割的曲线进行拆分，拆分后将左边轮廓线删除，如图11-25、图11-26所示。

图11-25

图11-26

STEP13 选择"贝济埃工具"✎，绘制一个小女孩儿的轮廓，填充颜色，其色值为"C0、M0、Y0、K100"，绘制脸的部分，填充颜色，其色值为"C2、M16、Y31、K0"，如图11-27和图11-28所示。

图11-27

图11-28

STEP14 选择"贝济埃工具"✎绘制头发的轮廓，将其填充颜色，其色值为"C10、M38、Y96、K0"和"C29、M65、Y99、K1"，继续绘制头花，填充颜色，色值为"C1、M48、Y32、K0"，如图11-29、图11-30和图11-31所示。

图11-29

图11-30

图11-31

STEP15 继续选择"贝济埃工具" 绘制双手的轮廓，将其填充颜色，其色值为"C2、M16、Y31、K0"，继续绘制裙子，填充颜色，色值分别为"C4、M3、Y92、K0"和"C2、M22、Y96、K0"，如图11-32、图11-33 和图11-34 所示。

图11-32

图11-33

图11-34

STEP16 继续选择"贝济埃工具" 绘制裤子的轮廓，将其填充颜色，其色值为"C1、M48、Y32、K0"，继续绘制双腿，填充颜色，色值为"C2、M16、Y31、K0"，如图11-35 和图11-36 所示。

图11-35

图11-36

STEP17 选择"贝济埃工具" 绘制另一个卡通造型的轮廓，将其填充颜色，其色值为"C55、M87、Y83、K8"，单击轮廓工具组里的"无轮廓"按钮 去掉轮廓色，绘制裤子的轮廓，填充颜色，其色值为"C1、M51、Y95、K0"，如图11-37 和图11-38 所示。

图11-37

图11-38

STEP18 选择"贝济埃工具" ,绘制另一个卡通造型的其他部分的轮廓,将其填充颜色,其色值分别为"C2、M22、Y96、K0"、"C2、M11、Y42、K0"、"C1、M51、Y96、K0"，单击轮廓工具组里的"无轮廓"按钮 去掉轮廓色，如图11-39、图11-40 和图11-41 所示。

图11-39

图11-40

图11-41

STEP19 选择"贝济埃工具" 绘制另一个卡通造型的头发和伞的轮廓,将其填充颜色,其色值分别为"C29、M65、Y99、K1"、"C63、M0、Y5、K0"和"C2、M2、Y23、K0",单击轮廓工具组里的"无轮廓"按钮 去掉轮廓色,如图11-42、图11-43和图11-44所示。

图11-42　　　　　　　　　　　　　　　图11-43　　　　　　　　　　　　　　　图
11-44

STEP20 将上述两个卡通造型的图案放在包装的适当位置,选中包装的侧面部分,填充渐变颜色,其色值为"C0、M98、Y70、K0 – C1、M51、Y15、K0",如图11-45和图11-46所示。

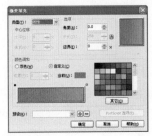

图11-45　　　　　　　　　　　　　　　图11-46

STEP21 选择"贝济埃工具" ,沿着包装的边缘绘制一个不规则图形,选中边缘部分的椭圆形,按住【Shift】键同时选中已经完成的不规则图形,运用图形间的运算,选择"化简"命令,再将化简后的多余图形删除,完成将边缘裁齐的效果,如图11-47、图11-48、图11-49和图11-50所示。

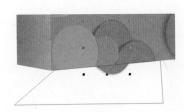
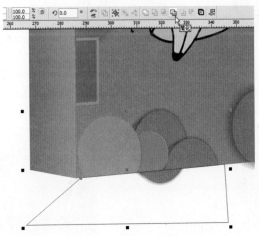

图11-47　　　　　　　　　　　　　　　图11-48

☞ 知识链接

修剪对象中的重叠区域——圈选要修剪的对象,单击【排列】→【造形】→【简化】命令。

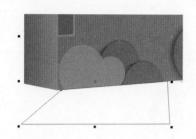

图11-49

图11-50

STEP22 选择"文字工具" 输入字母"D"，字体设置为 Lithograph ，文字大小设置为 24 pt ，将其输入的文字填充颜色，其色值为"C49、M59、Y2、K0"，单击轮廓工具组里的"无轮廓"按钮 去掉轮廓色，复制该字母，填充颜色，其色值为"C89、M98、Y20、K2"，适当移动该图形，产生文字的阴影效果，如图11-51、图11-52和图11-53所示。

图11-51

图11-52

图11-53

STEP23 选择"文字工具" 输入字母"O"、"R"、"A"，字体设置为 Lithograph ，文字大小设置为 24 pt ，按着上述方法将其填充颜色，其色值为"C78、M7、Y3、K0"和"C95、M67、Y7、K0"，如图11-54所示；"R"的色值为"C0、M67、Y89、K0"和"C40、M98、Y98、K3"，如图11-55所示；"A"的色值为"C48、M1、Y98、K0"和"C89、M41、Y98、K9"，如图11-56所示。

图11-54

图11-55

图11-56

STEP24 将上述两步的字母组合并复制,将其填充白色,单击鼠标右键选择【顺序】→【放在图层后面】命令,如图11-57和图11-58所示。

图11-57

图11-58

STEP25　选择"文字工具" 📝，输入字母"EXPLORER"，字体设置为 🔲 Lithograph，文字大小设置为 🔲21.0pt 🔲，将其填充颜色，其色值为"C1、M56、Y17、K0"，将其轮廓线填充为白色，轮廓线宽度设置为 🔲0.353 mm 🔲，如图 11-59 和图 11-60 所示。

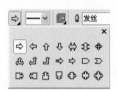

图11-59

图11-60

STEP26　选择"箭头工具" 📷，在上方属性栏位置的"完美形状"选框中绘制一个箭头，如图 11-61 和图 11-62 所示。

图11-62

图11-61

STEP27　选中该箭头，单击鼠标右键选择【转换为曲线】命令，再选择"形状工具" 🔧调整节点并填充颜色，其色值为"C91、M55、Y9、K0"，如图 11-63 和图 11-64 所示。

图11-63

图11-64

STEP28　继续选择"文字工具" 📝输入字母"THE"，字体设置为 🔲 Lithograph，文字大小设置为 🔲5.00pt 🔲，将其填充颜色，其色值为"C0、M0、Y0、K0"、"C0、M0、Y0、K20"，如图 11-65、图 11-66 和图 11-67 所示。

图11-65

图11-66

图11-67

STEP29 继续选择"文字工具" 🖺输入字母，将其填充颜色，字体设置为 ⊘ Ravie ，文字大小设置为 23pt ，其色值为"C0、M0、Y0、K0"，轮廓线的颜色为"C0、M0、Y0、K20"，如图 11-68 和图 11-69 所示。

图11-68

图11-69

STEP30 继续选择"文字工具" 🖺输入字母，字体设置为 ⊘ Cooper Black ，文字大小设置为 23pt ，将其填充颜色，其色值为"C0、M0、Y0、K0"，单击轮廓工具组里的"无轮廓"按钮 ✕ 去掉轮廓色，如图 11-70 和图 11-71 所示。

图11-70

图11-71

STEP31 执行【文件】→【导入】菜单命令，导入素材图片并分别进行角度的调整，如图 11-72 和图 11-73 所示。

图11-72

图11-73

STEP32 将正面的装饰图案进行复制，按住【Shift】键水平移动到侧面部位，适当旋转角度，如图 11-74 和图 11-75 所示。

☞ 使用技巧

水平或垂直移动图形——
在选中图像的同时要按住
【Shift】键。

图11-74

图11-75

STEP33 复制一个椭圆形，将其填充颜色，其色值为"C44、M51、Y4、K0"，单击轮廓工具组里的"无轮廓"按钮⊠去掉轮廓色，如图11-76所示。本案例的最终效果如图11-77所示。

图11-76

图11-77

实例02 贴画收纳盒的包装设计

【技术分析】

本节介绍一种儿童贴画收纳盒的制作，此案例的效果十分新颖，体现了儿童玩具包装的特点，利用鲜明的色彩提升儿童的好奇心，在儿童玩乐的同时还能培养儿童的观察能力和颜色辨别能力，在实际应用中，也起到整理贴画等小件纸张类玩具的作用。

本案例以儿童玩具的个性包装为研究对象，从功能的角度对包装进行工艺制作。这个收纳盒适合于儿童的心里特点。

其中利用基本的造型工具"贝济埃工具"⊠、"椭圆形工具"◎等，完成一个包装的绘制，并添加各种不同的效果。得到的最终效果如图11-78所示。

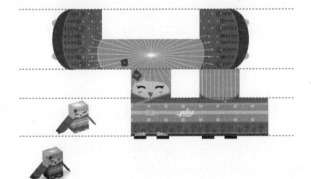

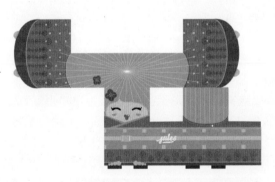

图11-78

本例的制作流程分三部分。第1部分应用"贝济埃工具"⊠、"椭圆形工具"◎绘制包装的平面效果，如图11-79所示；第2部分应用填充立体包装的各个面，运用透视效果进行调整，如图11-80所示；第3部分将平面效果与立体效果组合，如图11-81所示。

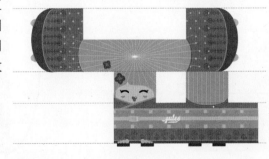

图11-79

图11-80

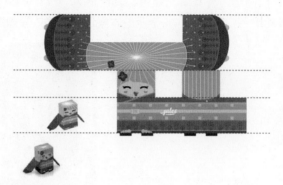

图11-81

【制作步骤】

STEP01 选择【文件】→【新建】菜单命令或者按【Ctrl+N】组合键，新建一个 A4 大小的文件。

STEP02 选择【视图】→【辅助线】菜单命令，按住鼠标左键，拖动鼠标，从标尺位置拉出若干条辅助线，如图 11-82 和图 11-83 所示。

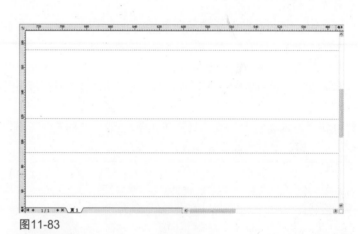

图11-82   图11-83

STEP03 选择"矩形工具" 绘制一个矩形，将其填充颜色，其色值为"C0、M95、Y0、K0"，单击轮廓工具组里的"无轮廓"按钮 去掉轮廓色，如图 11-84 所示。

STEP04 选择"椭圆形工具" 在上述矩形基础上绘制一个椭圆形，将其填充颜色，其色值为"C0、M95、Y0、K0"，如图 11-85 所示。选择"轮廓笔对话框" ，设置颜色为"C0、M50、Y0、K0"，设置宽度为"0.706mm"，然后选择【确定】按钮，见图 11-86。再单击鼠标右键，选择【顺序】→【向后一层】，如图 11-87 所示。

图11-84

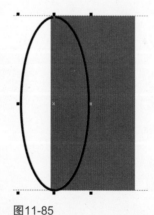

图11-85

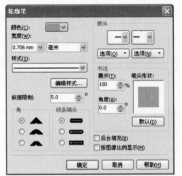

图11-86

图11-87

STEP05 选择"贝济埃工具"  绘制一支叶子,将其填充颜色,其色值为"C31、M100、Y27、K3",如图 11-88 所示,旋转角度并复制若干,如图 11-89 和图 11-90 所示。

图11-88

图11-89

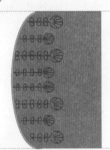

图11-90

STEP06 选择"贝济埃工具" 绘制一个不规则图形,将其填充颜色,其色值为"C0、M0、Y0、K0",旋转角度并复制若干,如图 11-91 和图 11-92 所示。

图11-91

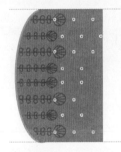

图11-92

STEP07 选择"贝济埃工具" 绘制一个椭圆形,将所绘制的椭圆"转化为曲线",再选择"形状工具" 进行适当的调节,调整后将其填充颜色,其色值为"C31、M100、Y27、K3",并单击鼠标右键,选择【顺序】→【向后一层】命令,如图 11-93 和图 11-94 所示。

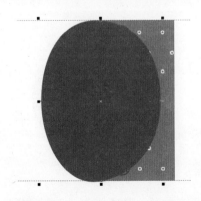

图11-93

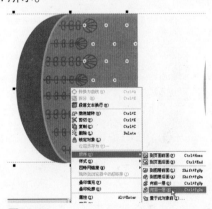

图11-94

STEP08　选择"贝济埃工具" 绘制两个不规则图形，将其填充颜色，其色值分别为
"C3、M24、Y47、K0"和"C7、M35、Y65、K0"，并单击鼠标右键，选择【顺序】→
【向后一层】命令，将两个图形进行群组并复制，将复制的图形执行镜像效果 ，如图
11-95 和图 11-96 所示。

图11-95

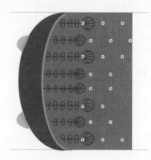

图11-96

STEP09　选中上一步得到的图案将其群组，如图 11-97 所示，并复制执行镜像效果 ，
如图 11-98、图 11-99 和图 11-100 所示。

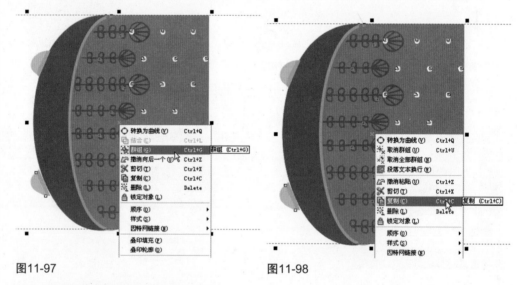

图11-97

图11-98

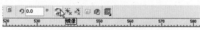

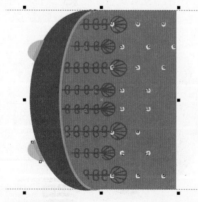

图11-99

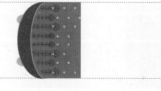

图11-100

STEP10　选择"矩形工具" 绘制一个矩形，将其填充颜色，其色值为"C49、M0、
Y12、K0"，单击轮廓工具组里的"无轮廓"按钮 去掉轮廓色，如图 11-101 所示。

图11-101

STEP11 继续绘制不规则的曲线，将其填充颜色，其色值为"C49、M0、Y12、K0"，如图 11-102 所示。打开"轮廓笔"对话框设置轮廓线颜色，色值为"C0、M0、Y0、K0"，再设置轮廓线宽度为"0.353mm"，然后单击【确定】按钮，如图 11-103 所示。再单击鼠标右键，选择【顺序】→【向后一层】命令。

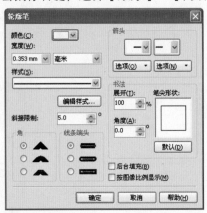

图11-102   图11-103

STEP12 继续将上一步的图形复制并执行镜像效果 ，如图 11-104 和图 11-105 所示。

图11-104   图11-105

STEP13 继续绘制不规则的曲线，将其填充颜色，其色值分别为"C65、M25、Y8、K0"和"C86、M73、Y0、K0"，将其复制并调整大小，如图 11-106 和图 11-107 所示。

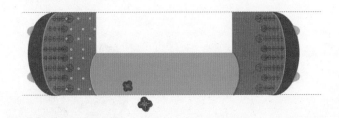

图11-106   图11-107

STEP14 继续绘制矩形和不规则图形，将其填充颜色，其色值为"C49、M0、Y12、K0"，单击轮廓工具组里的"无轮廓"按钮 去掉轮廓色，如图 11-108 和图 11-109 所示。

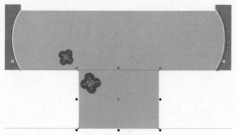

图11-108

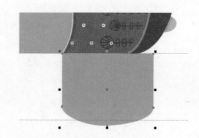

图11-109

STEP15　选择"贝济埃工具"绘制一条线段，将其填充颜色，其色值为"C0、M0、Y0、K0"，设置线宽为 0.353 mm 。打开变换泊钨窗，选择"变换"对话框，设置位置的水平距离为"4mm"，然后单击【应用到再制】命令，重复执行【应用到再制】命令，直到线条填充满蓝色区域，如图11-110和图11-111所示。

图11-110

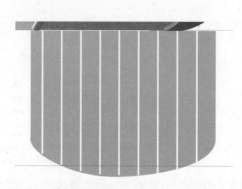

图11-111

STEP16　继续选择"贝济埃工具"绘制线段，将其填充颜色，其色值为"C0、M0、Y0、K0"，如图11-112所示，复制并旋转角度，如图11-113所示。打开"旋转泊钨窗"，设置角度为"10"度，调整中心位置，单击【应用到再制】按钮，重复复制直到完成一周，如图11-114和图11-115所示。

图11-112

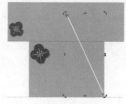

图11-113

图11-114

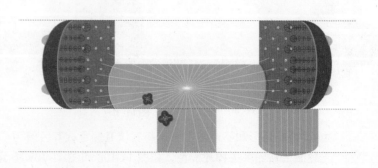

图11-115

STEP17 选择"贝济埃工具" 绘制一个不规则图形，将其填充颜色，其色值为"C2、M18、Y33、K0"，绘制一个矩形，填充颜色，其色值为"C0、M50、Y0、K0"，如图 11-116 和图 11-117 所示。

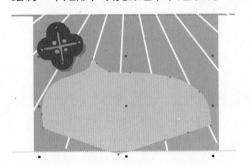

图11-116

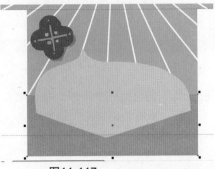

图11-117

STEP18 选择"贝济埃工具" 绘制一个不规则图形，将其填充颜色，其色值为"C7、M34、Y64、K0"，如图 11-118 所示。继续绘制眼睛和嘴巴，分别填充颜色，其色值为"C82、M78、Y72、K60"和"C0、M100、Y60、K0"，如图 11-119、图 11-120 和图 11-121 所示。

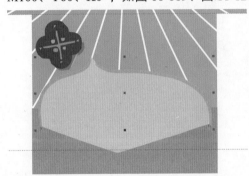

图11-118

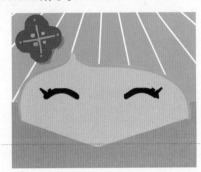

图11-119

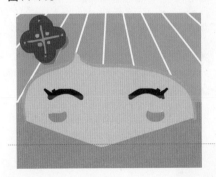

图11-120

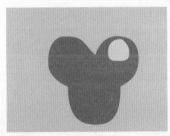

图11-121

STEP19 继续选择"贝济埃工具" 绘制不规则图形，将其填充颜色，其色值为"C3、M95、Y12、K0"，如图 11-122 所示，并绘制矩形，填充颜色，其色值为"C0、M0、Y0、K0"，复制曲线填充颜色，其色值为"C31、M85、Y5、K0"，如图 11-123 和图 11-124 所示。

图11-122

图11-123

261

图11-124

STEP20　选择"矩形工具" 绘制一个矩形，将其填充颜色，其色值为"C2、M37、Y73、K0"，并去掉轮廓线，如图 11-125 所示。继续绘制矩形，填充颜色，其色值为"C0、M48、Y88、K0"和"C3、M18、Y89、K0"，如图 11-126 和图 11-127 所示。

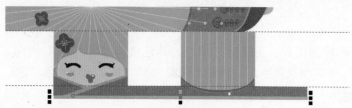

图11-125

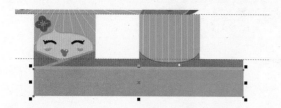

图11-126

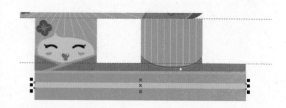

图11-127

STEP21　继续选择"贝济埃工具" 绘制不规则图形，如图 11-128 所示，并勾勒字母形状，如图 11-129 和图 11-130 所示。

图11-128

图11-129

图11-130

STEP22　选择"矩形工具" 绘制一个矩形，复制并填充颜色，其色值为"C1、M21、Y58、K0"，如图 11-131 所示。继续绘制矩形，填充颜色，其色值为"C16、M85、Y100、K6"，如图 11-132 所示。

图11-131

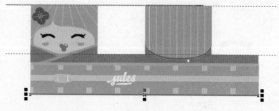

图11-132

STEP23 选择"矩形工具" 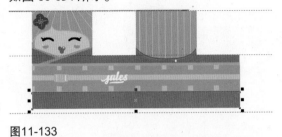 绘制一个矩形，复制并填充颜色，其色值为"C0、M95、Y0、K0"，如图 11-133 所示。继续绘制矩形，填充颜色，其色值为"C31、M100、Y27、K3"和"C0、M50、Y0、K0"，如图 11-134 所示。

图11-133　　　　　　　　　　　　　　　图11-134

STEP24 将前面绘制的图形调整节点，填充颜色，其色值为"C23、M96、Y40、K0"，并将其复制，如图 11-135 和图 11-136 所示。

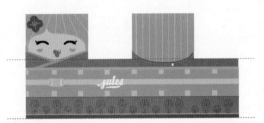

图11-135　　　　　　　　　　　　　　　图11-136

STEP25 选择"矩形工具" 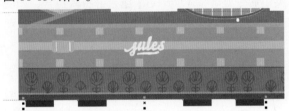 绘制一个矩形，复制并填充颜色，其色值为"C89、M100、Y8、K2"，如图 11-137 所示。

图11-137

STEP26 继续绘制不规则图形，填充颜色，其色值为"C3、M25、Y47、K0"，如图 11-138 所示。复制它并执行镜像效果 ，如图 11-139、图 11-140 和图 11-141 所示。

图11-138　　　　　　　　　　　　　　　图11-139

图11-140　　　　　　　　　　　　　　　图11-141

STEP27　将上一步的图形放在合适的位置，如图11-142和图11-143所示。

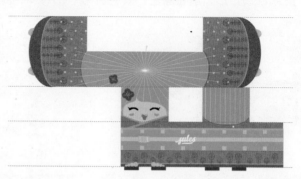

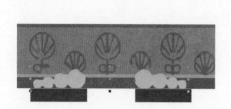

图11-142　　　　　　　　　　　　　图11-143

STEP28　选择"贝济埃工具" 绘制不规则图形，如图11-144、图11-145和图11-146所示。

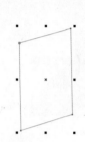　　　　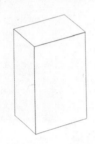　　　　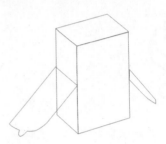

图11-144　　　　　　　　图11-145　　　　　　　　图11-146

STEP29　选中整个图形，单击鼠标右键，选择【群组】菜单命令或者按【Ctrl+G】组合键将其组合，如图11-147所示。选择【效果】→【图框精确剪裁】→【放置在容器中】菜单命令，如图11-148和图11-149所示。

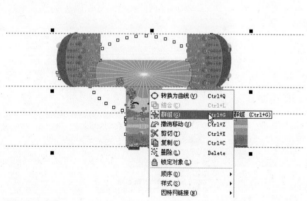

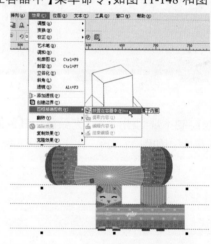

图11-147　　　　　　　　　　　　　　图11-148

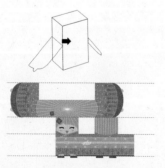

图11-149

STEP30 单击鼠标右键，选择【编辑内容】菜单命令，如图 11-150 所示；选择【效果】→【添加透视】菜单命令，如图 11-151、图 11-152 和图 11-153 所示。

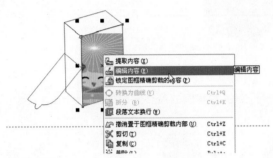

图11-150

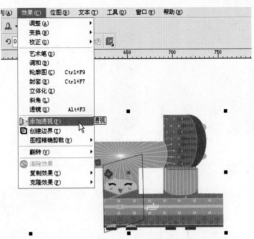

图11-151

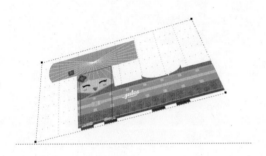

图11-152

图11-153

STEP31 按着上述步骤填充上面部分，如图 11-154 和图 11-155 所示。

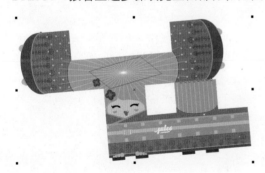

图11-154

图11-155

STEP32 继续选择【效果】→【添加透视】菜单命令，如图 11-156 和图 11-157 所示。

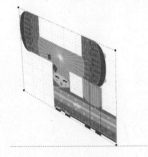

图11-156

图11-157

STEP33　选择【效果】→【图框精确剪裁】→【放置在容器中】菜单命令并添加透视，如图 11-158 和图 11-159 所示。

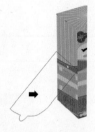

图11-158　　　　　　　　　　　　　　　　　图11-159

STEP34　按着同样的方法添加右面部分，如图 11-160 所示，得到的本案例的最终效果如图 11-161 所示。

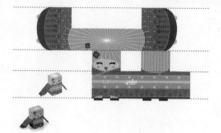

图11-160　　　　　　　　　　　　　　　　　图11-161

风云 II

FENG YUN

第12章

书籍装帧设计

12.1 基础技术汇讲

对于人们汲取知识的书籍来说，其装帧的意义非常重要，完全可以说，没有书籍装帧就不可能有书籍，它既体现书的内容、性质，同时又给读者以美的享受，所以在色彩运用上要突出其文化层次感。

封面设计的要素：

1. 突出标识，便于读者识别，抢到读者的第一印象，强化读者对本刊特有艺术符号的记忆。

2. 封面的设计要与本书所要阐述的内容相符合，有导读作用。图片、色彩的运用，字号的大小，字体的选择，都要和书刊内容相协调。

3. 封面的设计风格争取做到既个性又统一，既能体现自身的风格，又能在连续性、变化中体现整体统一。

封面设计的理念——明确的定位

一本书早在创作内容时就已经十分明确地进行定位，定位准，才能赢得市场。同时，在价格、对象等方面也进行全面的定位，然而，封面也应该有明确的定位，作为读者第一印象的承担者，封面的定位显得格外重要。

在本章中多运用基本的造型工具，实现几种书籍的装帧，并使用各种填充工具，以及添加不同的效果，如填充纹理效果。

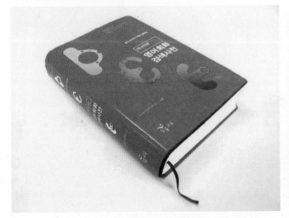
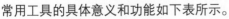

常用工具的具体意义和功能如下表所示。

图 标	工 具 名 称	意 义 和 功 能
	贝济埃工具	利用该工具可以轻松绘制平滑线条
	椭圆形工具	利用该工具可以绘制相关的圆形图案
	交互式透明工具	利用该工具可以调整图案的透明度
	交互式阴影工具	利用该工具可以为图案添加阴影效果

12.2 精彩实例荟萃

实例01 时尚书籍装帧包装设计

【技术分析】

封面是一本书的脸面，是一位不说话的推销员。好的封面设计不仅能读者对其一见钟情，而且耐人寻味，爱不释手。封面设计对书籍的形象有着非常重大的意义。封面设计一般包括书名、编著者名、出版社名等文字，以及体现书的内容、性质、体裁的装饰形象、色彩和构图。

普通书籍开本的各种不同情况

850×1168 常用开本幅面尺寸表　单位：（mm）			
开本	切净尺寸	开本	切净尺寸
16	203×280	64	101×137
32	140×202（203）	128	68×99
880×1230 常用开本幅面尺寸表　单位：（mm）			
开本	切净尺寸	开本	切净尺寸
16	212×294	64	104×146
32	147×208	128	71×102
889×1194 常用开本幅面尺寸表　单位：（mm）			
开本	切净尺寸	开本	切净尺寸
16	210×285	64	105×138
32	142×210	128	69×102

本节介绍一种时尚书籍装帧包装的制作，时尚的人物、时尚的颜色和时尚的装饰，组成了时尚书籍的包装。其中利用基本的造型工具"贝济埃工具"、"椭圆形工具"及"文字工具"绘制各个部分，然后将各部分组合，完成一本时尚书籍包装的绘制，再添加阴影效果，得到的最终效果，如图12-1所示。

图12-1

本例的制作流程分两部分。第1部分应用"贝济埃工具" 、"椭圆形工具" 绘制包装的组成图案，如图12-2所示；第2部分继续添加组成图案，并应用"文字工具" 添加文字得到一个包装的效果，如图12-3所示。

图12-2

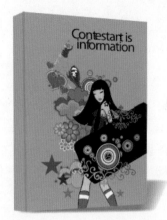

图12-3

【制作步骤】

STEP01　选择【文件】→【新建】菜单命令或者按【Ctrl+N】组合键，新建一个 A4 大小的文件。

STEP02　选择工具箱中的"矩形工具" ，在页面中间绘制一个封闭的矩形，并填充颜色，其色值为"C45、M1、Y11、K0"，如图 12-4 和图 12-5 所示。

图12-4

图12-5

STEP03　选择工具箱中的"贝济埃工具" ，绘制一个不规则图形，并填充颜色，其色值为"C45、M95、Y97、K5"，继续绘制人的脸部，填充白色，如图 12-6、图 12-7 和图 12-8 所示。

图12-6

图12-7

图12-8

STEP04　选择工具箱中的"贝济埃工具" ，绘制一个不规则图形，并填充颜色，其色值为"C75、M99、Y53、K8"，继续绘制不规则图形，填充颜色，其色值为"C66、M25、Y42、K0"，如图 12-9 和图 12-10 所示。

图12-9

图12-10

STEP05　选择"贝济埃工具" ，绘制一个不规则图形，并填充颜色，其色值为"C2、M41、Y94、K0"，选中该图形，单击鼠标右键选择【顺序】→【向后一层】命令，将其放在上一个步骤绘制的图层后面，如图 12-11 和图 12-12 所示。

图12-11

图12-12

STEP06　选择"贝济埃工具" ，继续绘制不规则图形，填充颜色，其色值为"C1、M20、Y96、K0"，如图 12-13 和图 12-14 所示。

图12-13

图12-14

STEP07　继续选择"贝济埃工具" ，绘制不规则图形，填充颜色，其色值为"C66、M25、Y42、K0"，如图 12-15、图 12-16 和图 12-17 所示。

图12-15

图12-16

图12-17

STEP08　选择工具箱中的"基本形状工具" 中的心形，绘制一个心，选中该图形，单击鼠标右键后选择【转化为曲线】命令，将其转换为曲线并调整节点，填充颜色，其色值为"C0、M100、Y0、K0"，在选中该图形的情况下，单击鼠标左键转换为旋转模式，将其旋转角度，如图 12-18、图 12-19 和图 12-20 所示。

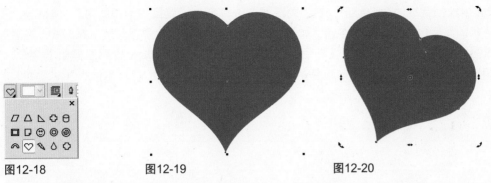

图12-18　　　　　　图12-19　　　　　　　　　　图12-20

STEP09　选择【效果】→【轮廓图】菜单命令,在"轮廓图"泊坞窗中设置属性为"向内",偏移量为"0.125mm",步长为"1",然后单击【应用】按钮,如图12-21、图12-22和图12-23所示。

☞ 使用技巧

打开轮廓图泊坞窗,可以选择设置轮廓位置,有"向中心"、"向内"、"向外"3种选择,并可以选择偏移的具体数值。

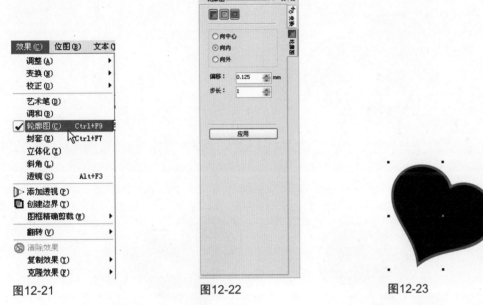

图12-21　　　　　　　　图12-22　　　　　　　　图12-23

STEP10　选择【效果】→【轮廓图】菜单命令,单击"轮廓线颜色"按钮□,分别设置颜色为白色,单击【确定】按钮后,单击鼠标右键,选择【拆分轮廓图群组】命令,如图12-24、图12-25和图12-26所示。

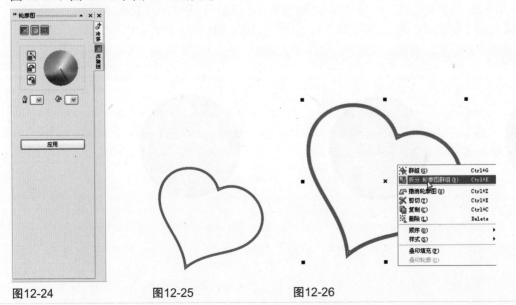

图12-24　　　　　　图12-25　　　　　　图12-26

STEP11　选择上述步骤中绘制完成的白色心形，在"轮廓图"泊坞窗中设置属性为"向内"，偏移量为"0.125mm"，步长为"1"，然后单击【应用】按钮，如图 12-27 所示。单击"轮廓线颜色"按钮⊙，设置颜色为"C5、M44、Y33、K0"，单击【确定】按钮后，单击鼠标右键，选择【拆分轮廓图群组】命令，如图 12-28 所示。使用此方法继续绘制，填充颜色的色值分别为"C1、M73、Y73、K0"，"C9、M99、Y96、K0"，如图 12-29、图 12-30 和图 12-31 所示。

图12-27　　　　　　　　　　　　　图12-28

图12-29　　　　　　　　　　图12-30　　　　　　　　　　图12-31

STEP12　选择工具箱中的"椭圆形工具"⊙，按住【Ctrl】键绘制一个正圆形，将其填充黑色，如图 12-32 所示。复制该圆形并按住【Shift】键按圆心缩小，填充颜色，其色值为"C0、M100、Y100、K0"。如图 12-33 所示。继续按圆心复制并缩小圆形，填充颜色，其色值为"C100、M20、Y0、K0"，如图 12-34 所示。

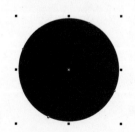  

图12-32　　　　　　　　　　图12-33　　　　　　　　　　图12-34

STEP13　继续绘制圆形并填充颜色，其色值为"C0、M20、Y100、K0"，如图 12-35 和图 12-36 所示。

图12-35

图12-36

STEP14 按着上述方法继续绘制圆形，填充颜色，其色值为"C4、M98、Y66、K0"、"C1、M73、Y36、K0"，如图 12-37 所示。复制图形，将各个部分组合并进行若干次的复制，装饰到所绘制的心形上，如图 12-38 和图 12-39 所示。

图12-37

图12-38

图12-39

STEP15 继续选择工具箱中的"椭圆形工具" ◎，按住【Ctrl】键绘制一个正圆形，复制并按住【Shift】键按圆心缩小，填充不同颜色，完成绘制，涉及的色值分别为"C0、M60、Y100、K0"、"C0、M60、Y80、K0"、"C20、M80、Y0、K20"，如图 12-40、图 12-41、图 12-42 所示。将各个部分组合并进行若干次的复制，如图 12-43 所示。

图12-40

图12-41

图12-42

图12-43

STEP16 选择"贝济埃工具" ✎绘制不规则图形，填充颜色，其色值为"C64、M2、Y94、K0"，将图形复制并适当放大，填充不同颜色，色值为"C80、M35、Y82、K2"，并复制图形，如图 12-44 和图 12-45 所示。

图12-44　　　　　　　　　　　　　图12-45

STEP17　使用上述方法绘制新云彩状图形，其色值为"C47、M38、Y50、K0"和"C81、M67、Y26、K1"，并复制图形，如图12-46和图12-47所示。

图12-46　　　　　　　　　　　　　图12-47

STEP18　填充颜色，其色值为"C1、M48、Y57、K0"、"C22、M2、Y92、K0"、"C2、M57、Y94、K0"和"C4、M20、Y97、K0"，并复制图形，填充颜色，其色值为"C64、M6、Y94、K0"、"C28、M12、Y96、K0"和"C34、M81、Y18、K0"，如图12-48、图12-49和图12-50所示。

图12-48　　　　　　　　　　图12-49　　　　　　　　图12-50

STEP19　选择工具箱中的"椭圆形工具"　，绘制一个圆形，填充渐变颜色，其色值为"C84、M15、Y28、K0 – C57、M5、Y72、K0"，如图12-51和图12-52所示。

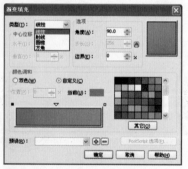

图12-51　　　　　　　　　　图12-52

STEP20　打开"旋转泊坞窗"，选中上述步骤中所绘制的椭圆形，调整旋转中心到下方，设置角度为"50"，单击【应用到再制】按钮，如图12-53和图12-54所示。将上一步得到的图形旋转复制成一个花朵，如图12-55和图12-56所示。

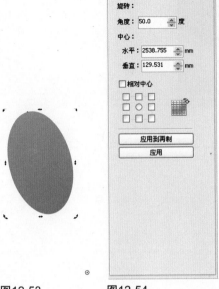

图12-53　　　　图12-54　　　　　　图12-55　　　　　图12-56

知识链接

旋转复制——选择对象，打开【变换】菜单，选择【旋转】命令，确定形状的中心点，输入旋转的角度，单击【应用到复制】按钮，重复单击可重复复制，每次复制是在前一次复制的基础上进行的。

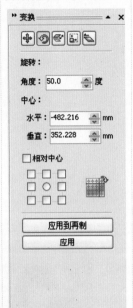

STEP21　选择工具箱中的"椭圆形工具" ，绘制一个圆形，填充渐变颜色，其色值为"C84、M15、Y28、K0 – C57、M5、Y72、K0"，利用该方法绘制不同颜色组成的花朵，如图12-57、图12-58和图12-59所示。

图12-57　　　　　　　图12-58　　　　　　　图12-59

STEP22　选择"贝济埃工具" 绘制云朵状图形并填充颜色，其色值为"C3、M28、Y95、K0"，将各个部分组合，如图12-60、图12-61和图12-62所示。

图12-60　　　　　　　图12-61　　　　　　　图12-62

STEP23　继续绘制一个女孩的轮廓图并填充黑色，选择"星形工具" 绘制若干个五角星，填充颜色，色值为"C15、M97、Y93、K0"，如图12-63和图12-64所示。

图12-63

图12-64

STEP24 绘制女孩儿的脸部，填充颜色，其色值为"C40、M0、Y0、K0"、"C0、M98、Y82、K0"，如图12-65和图12-66所示。

图12-65

图12-66

STEP25 继续完善女孩儿的形象，填充颜色，其色值为"C77、M67、Y61、K23"、"C85、M76、Y67、K58"、"C4、M15、Y24、K0"和"C0、M100、Y60、K0"，如图12-67、图12-68、图12-69和图12-70所示。

图12-67

图12-68

图12-69

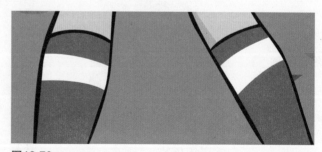

图12-70

STEP26 将以上绘制的圆形装饰图案装饰到背景中，如图12-71和图12-72所示。导入素材"光盘/素材图片/ch12/12-001"，将其装饰到人物的偏下方，如图12-73和图12-74所示。再导入素材"光盘/素材图片/ch12/12-002"，将其装饰到人物的偏右上方，如图12-75和图12-76所示。

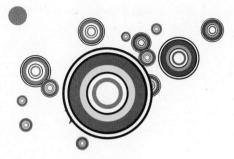

图12-71

图12-72

图12-73

图12-74

图12-75

图12-76

STEP27　选择"文字工具"，输入文字，设置文字属性为 Arial 24pt，如图 12-77 所示。单击鼠标右键，选择【群组】命令，如图 12-78 所示。组合之后执行【效果】→【添加透视】命令，如图 12-79 和图 12-80 所示。

图12-77

图12-78

图12-79

图12-80

STEP28　继续绘制不规则图形，填充颜色"C45、M1、Y11、K0"，如图 12-81 所示。再选择"贝济埃工具"绘制一条直线，填充颜色为"C84、M15、Y28、K0"，将该直线的宽度设置为 0.706 mm，如图 12-82 所示。调整后选择【位图】→【转换为位图】命令，弹出对话框后保持默认情况，单击【确定】按钮，如

图 12-83 和图 12-84 所示。转换为位图后执行【位图】→【模糊】→【高斯式模糊】命令，弹出对话框后
设置模糊数值为"5"像素，设置完毕后单击【确定】按钮，如图 12-85、图 12-86 和图 12-87 所示。

图12-81

图12-82

图12-83

图12-84

图12-85

图12-86

图12-87

STEP29 　选择"交互式阴影工具" ，在上方属性栏选择【预设】→【右下透视图】命令，如图 12-88 所
示，添加阴影效果，设置其他属性为 （阴影角度为"65"，阴影的透明
度为"51"，阴影的羽化为"15"，阴影的淡出为"50"，阴影的延展为"50"），如图 12-89 和图 12-90 所示。
本案例的最终效果如图 12-91 所示。

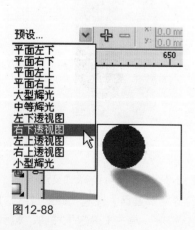

图12-88

图12-89

图12-90

图12-91

实例02 宣传册装帧包装设计

【技术分析】

国际化开本越来越被国人接受，所以现在宣传册的印制一般都采用A4开本（210mm×297mm），对于企业宣传册的设计，有以下几个元素值得注意。

1. 概念元素：所谓概念元素并不是实际存在的，是不可见的，但人们的意识又能感觉得到的。概念元素包括：点、线、面。

2. 视觉元素：概念元素通常是通过视觉元素体现的，视觉元素包括图形的大小、形状、色彩等。

3. 关系元素：视觉元素在画面上如何组织、排列，是靠关系元素来决定的。包括：方向、位置、空间、重心等。

4. 实用元素：指设计所表达的含义、内容、设计的目的及功能。

本节介绍一种宣传册装帧包装的制作。其中利用基本的造型工具"贝济埃工具" 、"椭圆形工具" 及"文字工具" 绘制各个部分，然后添加装饰，完成一种宣传册包装的绘制，再添加阴影效果。得到的最终效果及展开图如图12-92所示。

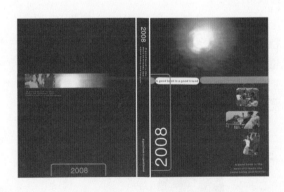

图12-92

本例的制作流程分两部分。第1部分应用"贝济埃工具" 、"椭圆形工具" 绘制包装的大体轮廓，如图12-93所示；第2部分继续添加组成图案，并应用"文字工具" 添加文字得到组宣传册包装的效果，如图12-94所示。

图12-93

图12-94

【制作步骤】

STEP01 选择【文件】→【新建】菜单命令或者按【Ctrl+N】组合键，新建一个 A4 大小的文件。

STEP02 选择工具箱中的"矩形工具" ，绘制一个矩形，填充颜色，其色值为"C98、M59、Y0、K0"，在选中该矩形的情况下再单击鼠标左键转换为旋转模式，旋转其角度，如图 12-95 和图 12-96 所示。

图12-95

图12-96

STEP03 选择工具箱中的"矩形工具" ，绘制一个矩形，填充渐变颜色，其色值为"C98、M59、Y0、K0 – C0、M0、Y0、K0"，如图 12-97 和图 12-98 所示。

图12-97

图12-98

STEP04 选中上述步骤所绘制的图形进行复制，保留一个放置到一边，选中源图形执行【位图】→【转换为位图】命令，弹出对话框后保持默认，单击【确定】按钮，如图 12-99、图 12-100 所示。将其转换为位图后保持选中状态，选择【位图】→【扭曲】→【置换】命令，弹出对话框后设置为"伸展适合"，分别将数值都调整到"100"，单击【确定】按钮，如图 12-101、图 12-102 和图 12-103 所示。

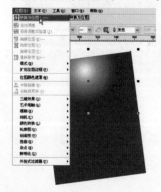

图12-99

图12-100

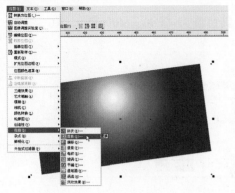

图12-101　　　　　　　　　　图12-102　　　　　　　　　图12-103

STEP05　选中上述步骤中复制保留的图形，将位图处理后的图形和未被处理的图形重合放置在一起，选中处理后的图形，选择"交互式透明工具" 将其进行透明设置，设置属性为"射线"，大小设置为 ，如图 12-104、图 12-105 和图 12-106 所示。

图12-104

图12-105　　　　　　　　图12-106

STEP06　选中被处理的图形，选择【效果】→【图框精确剪裁】→【放置在容器中】命令，出现黑色箭头后指向未被处理的图形，如图 12-107 所示。

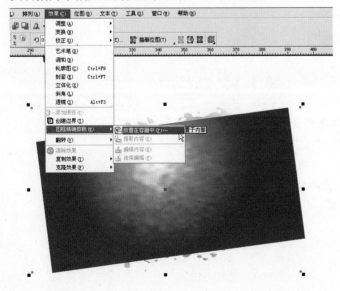

图12-107

STEP07　复制未被处理的矢量图形，改变其渐变颜色的填充，其色值为"C40、M09、Y0、K0 – C0、M0、Y0、K0"，如图12-108和图12-109所示。

图12-108

图12-109

STEP08　选中上述步骤中所绘制的图形，执行【位图】→【转换为位图】命令，弹出对话框后保持默认并单击【确定】按钮，如图12-110和图12-111所示。将其转换为位图后保持选中状态，选择【位图】→【扭曲】→【框架】命令，弹出对话框后设置当前框架，单击【确定】按钮，如图12-112、图12-113和图12-114所示。

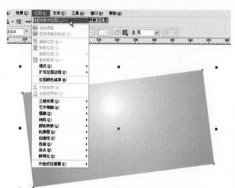

图12-110

图12-111

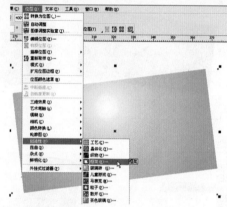

图12-112

图12-113

图12-114

STEP09　将上述步骤处理后的图形执行【位图】→【转换为位图】命令，将其转换为位图，保持选中状态，再选择【位图】→【模糊】→【放射式模糊】命令，弹出对话框后设置具体数值为"49"，单击【确定】按钮，如图12-115、图12-116和图12-117所示。

STEP10　选择"矩形工具"绘制一个矩形，直接再选择"形状工具"，拖动一个调节点，将其转换为圆角矩形，填充颜色为白色，如图12-118、图12-119和图12-120所示。

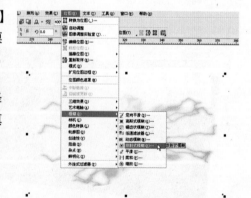

图12-115

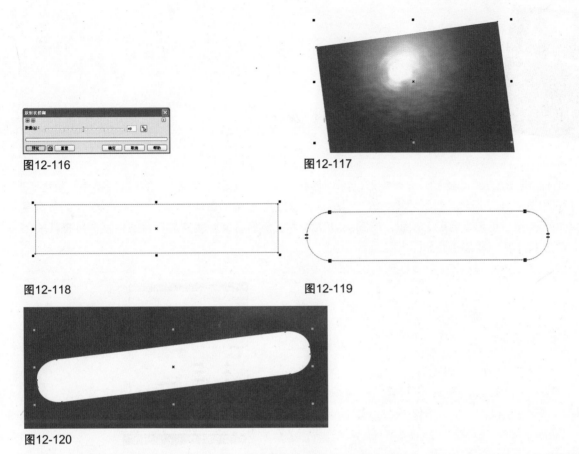

图12-116

图12-117

图12-118

图12-119

图12-120

STEP11 复制矩形并适当进行放大，改变填充颜色，其色值为"C46、M2、Y18、K0"，将填充颜色后的圆角矩形转换为曲线，如图 12-121 和图 12-122 所示。

图12-121

图12-122

STEP12 使用"形状工具" ，将上述步骤中所绘制的圆角矩形在背景轮廓多出的部分，利用删除节点和调节节点的方法进行调整，利用相同的方法绘制白色圆角矩形左边的图形效果，如图 12-123、图 12-124 和图 12-125 所示。

图12-123

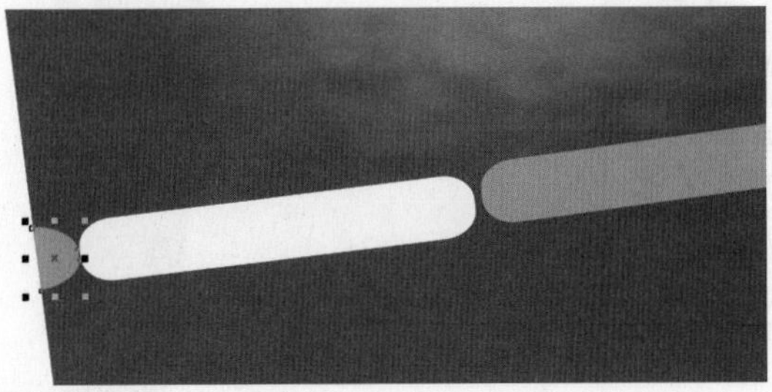

图12-124

图12-125

STEP13　选择"矩形工具" □ 绘制一个新矩形,选择"形状工具" ，拖动一个调节点,将其转换为圆角矩形,如图 12-126 和图 12-127 所示。打开"轮廓笔"对话框,设置其色值为"C49、M2、Y14、K0",线条宽度为"0.706mm",然后单击【确定】按钮,如图 12-128 所示。然后将其旋转并放在合适位置,再将其转化为曲线,如图 12-129、图 12-130 和图 12-131 所示。

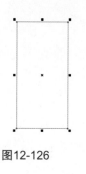

图12-126

图12-127

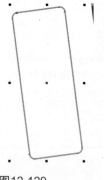

图12-128

图12-129

图12-130

图12-131

STEP14　选择"形状工具" ，在圆角矩形和背景相交的位置双击鼠标左键,建立新节点,选中新节点,选择"切割曲线" ，再执行【拆分曲线】命令,保留右边部分,如图 12-132、图 12-133 和图 12-134 所示。

图12-132

图12-133

图12-134

STEP15 选择【文件】→【导入】菜单命令，导入素材图片，素材见"光盘 / 素材图片 /ch12/12-003~005"，如图 12-135 和图 12-136 所示。

STEP16 选择"文字工具"📝输入"2008"，字体设置为 Ｔ 创艺繁细圆 ，字体大小设置为"38pt"，再将文字填充颜色，其色值为"C0、M0、Y0、K0"，如图 12-137 所示。

图12-135　　　　　　　　　图12-136　　　　　　　　　　　图12-137

STEP17 利用上述步骤中绘制圆角矩形的方法再分别绘制 3 个圆角矩形，再选择"椭圆工具"⬭在 3 个圆角矩形的中间空间位置添加 3 个大小不同的椭圆，将 3 个椭圆分别填充轮廓线的颜色，具体的颜色设置为"C49、M2、Y14、K0"，如图 12-138、图 12-139 和图 12-140 所示。

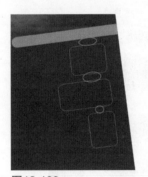
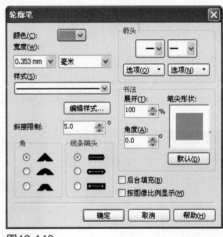

图12-138　　　　　　　　图12-139　　　　　　　　图12-140

STEP18 选中一个素材图片，选择【效果】→【调整】→【颜色平衡】命令，如图 12-141 所示。弹出对话框后分别调整数值为"-100、-100、100"，单击【确定】按钮，如图 12-142 所示。

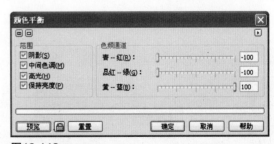

图12-141　　　　　　　　　　　图12-142

STEP19 选中另一个素材图片，继续选择【效果】→【调整】→【颜色平衡】命令，弹出对话框后分别调整数值为"-100、51、100"，单击【确定】按钮，如图 12-143 和图 12-144 所示。

图12-143

图12-144

STEP20 选中最后一个素材图片，继续选择【效果】→【调整】→【颜色平衡】命令，弹出对话框后分别调整数值为"-100、-100、100"，单击【确定】按钮，如图12-145和图12-146所示。

图12-145

图12-146

STEP21 分别选中素材图片，将其利用【放置在容器中】命令分别放置到圆角矩形中，如图12-147、图12-148和图12-149所示。

图12-147

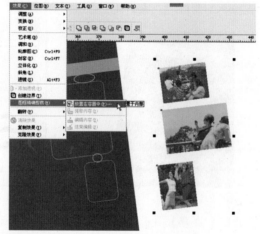

图12-148

图12-149

STEP22 选择"文字工具" 输入文字，字体设置为 Arial Black ，字体大小设置为"6pt"，将文字填充颜色，其色值为"C49、M2、Y14、K0"，如图12-150、图12-151所示。

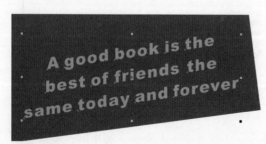

图12-150

图12-151

STEP23　将上面的图形复制，并调整矩形的节点，如图 12-152、图 12-153、图 12-154 和图 12-155 所示。

图12-152

图12-153

图12-154

图12-155

STEP24　选择"文字工具" 继续输入文字，字体和大小分别设置为 | Arial Black | | 4.514 pt |，将文字填充颜色，其色值为"C0、M0、Y0、K0"，如图 12-156、图 12-157 和图 12-158 所示。

STEP25　选择左半部分的全部图形，选择"交互式阴影工具" 分别调整属性为 50 5 0 50 ■（设置"预设"选项为"平面左下"，阴影的透明度为"50"，阴影的羽化为"5"，阴影的淡出为"0"，阴影的延展为"50"），如图 12-159、图 12-160 所示。本案例的最终效果如图 12-161 所示。

图12-156

图12-157

图12-158

图12-159

图12-160

图12-161

实例03 古典书籍装帧包装设计

【技术分析】

古典图书封面的构思设计:

首先应该确立,表现的形式要为书的内容服务,用最感人、最形象、最易被视觉接受的表现形式,所以封面的构思就显得十分重要,要充分弄通书稿的内涵、风格、体裁等,做到构思新颖、切题,有感染力。构思的过程与方法大致可以有以下几种方法:

1.想象:想象是构思的基点,想象以造型的知觉为中心,能产生明确的有意味的形象。我们所说的灵感,也就是知识与想象的积累与结晶,它是设计构思的源泉。

2.舍弃:构思的过程往往"叠加容易,舍弃难",构思时往往想得很多,堆砌得很多,对多余的细节爱不忍弃。张光宇先生说"多做减法,少做加法",就是真切的经验之谈。对不重要的、可有可无的形象与细节,坚决忍痛割爱。

3.象征:象征性的手法是艺术表现最得力的语言,用具体形象来表达抽象的概念或意境,也可用抽象的形象来意喻表达具体的事物,都能为人们所接受。

本节介绍一种古典书籍装帧包装的制作。其中利用基本的造型工具"贝济埃工具" 、"椭圆形工具" 及"文字工具" 绘制底图,并添加不同的纹理,完成一种古典书籍装帧包装的绘制,并添加阴影效果。得到的最终效果及展开图如图12-162所示。

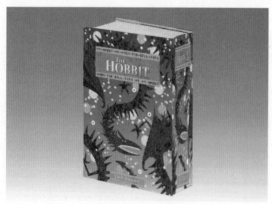

图12-162

本例的制作流程分三部分。第1部分应用"贝济埃工具" 、"文字工具" 绘制封面的书名,如图12-163所示;第2部分添加底纹图案,如图12-164所示;第3部分设置立体效果,如图12-165所示。

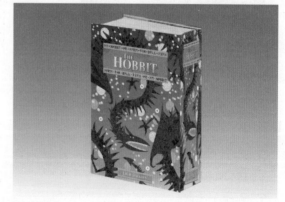

图12-163　　　　　图12-164　　　　　图12-165

【制作步骤】

STEP01　选择【文件】→【新建】菜单命令或者按【Ctrl+N】组合键,新建一个A4大小的文件。

STEP02　选择工具箱中的"文字工具" ,设置字体为 Book Antiqua ,大小为"24",输入文字后将文字填充颜色，其色值为“0、M0、Y0、K100”，如图 12-166、图 12-167 所示。输入文字后选择“直接选择工具” 选中所输入的文字，将其转换为曲线，如图 12-168 和图 12-169 所示。

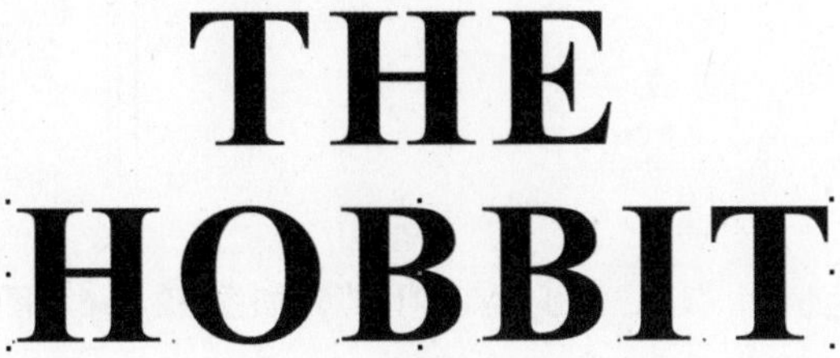
THE
HOBBIT
图12-166

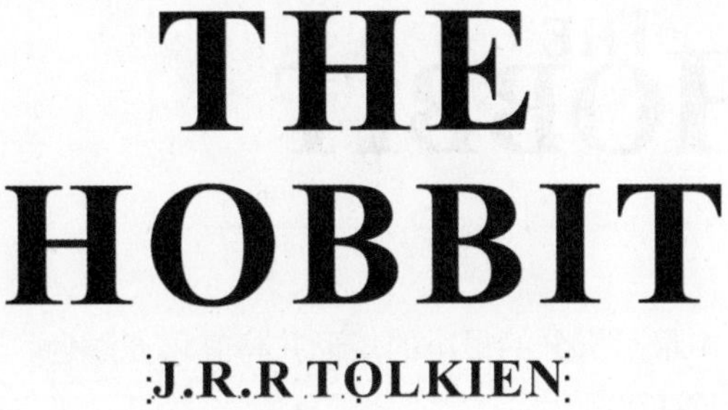
THE
HOBBIT
J.R.R TOLKIEN
图12-167

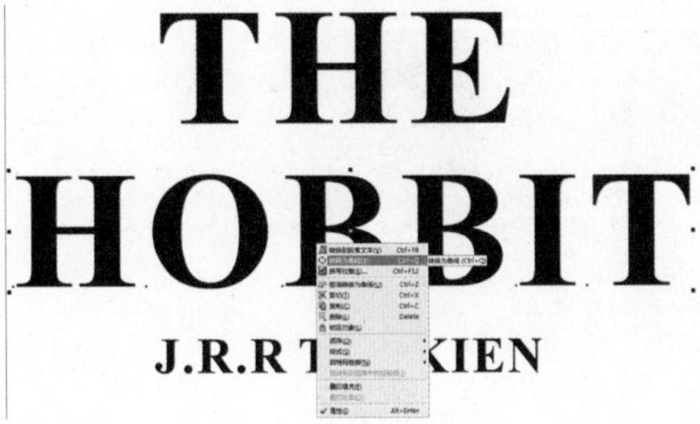
THE
HOBBIT
J.R.R TOLKIEN
图12-168

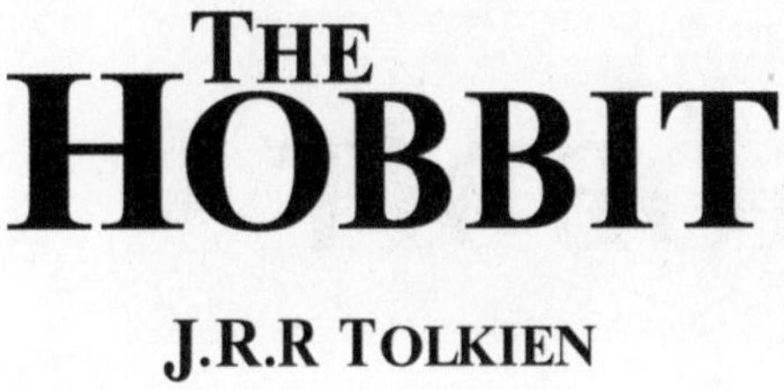
THE
HOBBIT
J.R.R TOLKIEN
图12-169

STEP03　选择工具箱中的“矩形工具” ，绘制一个矩形，执行【窗口】→【泊坞窗】→【变换】命令，在“轮廓图”泊坞窗中，设置属性为“向内”，偏移量为“0.125mm”，步长为“1”，然后单击【应用】按钮，单击【确定】后再单击鼠标右键，选择【拆分轮廓图群组】命令，如图 12-170、图 12-171 图 12-172 和图 12-173 所示。

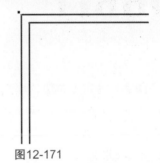

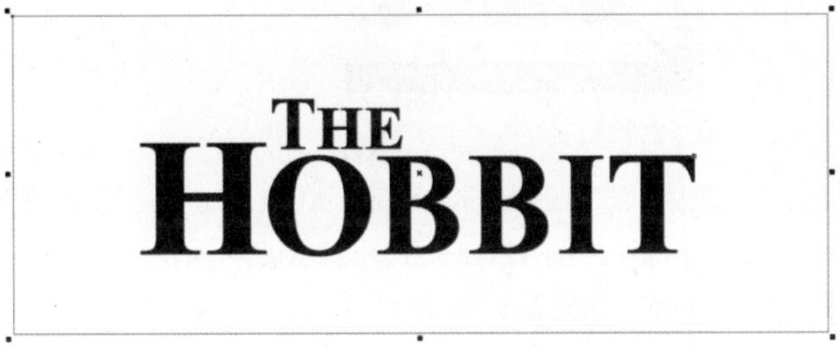
THE
HOBBIT
图12-170

图12-171

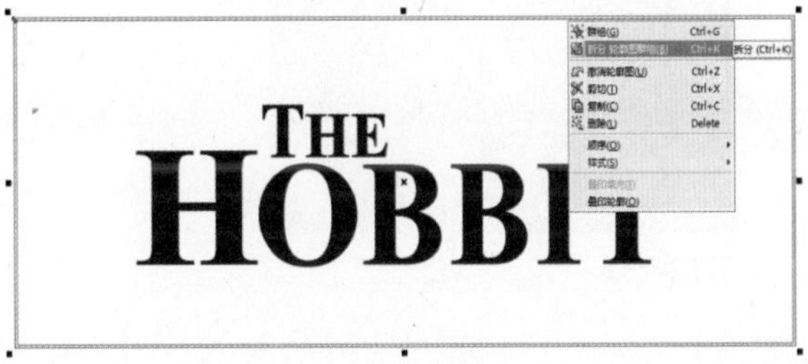
THE
HOBBIT
图12-172

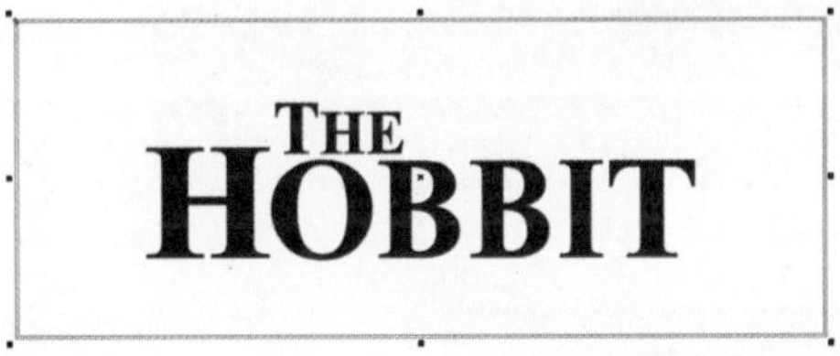
THE
HOBBIT
图12-173

STEP04　选中上述步骤中拆分后的矩形，继续选择“轮廓图”泊坞窗，设置属性为“向内”，偏移量为“0.025mm”，步长为“1”，然后单击【应用】按钮，单击【确定】按钮后再单击鼠标右键，选择【拆分轮廓图群组】命令，如图 12-174 和图 12-175 所示。

图12-174　　　　　　　　　　　　　　　　　　　　　　图12-175

STEP05　选中最后拆分的最小的矩形并将其填充颜色，其色值为"C0、M0、Y0、K0"，如图 12-176、图 12-177 和图 12-178 所示。

STEP06　适当放大画布，选择"贝济埃工具" ，在每一个角的位置绘制立体效果，如图 12-179 所示。

图12-176

图12-177

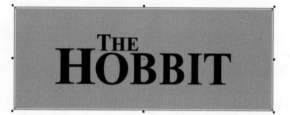

图12-178

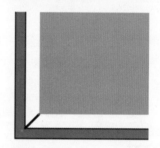

图12-179

STEP07　将边缘填充颜色，将左上角部分填充颜色的色值为"C11、M13、Y78、K0"，右下角部分填充的颜色色值为"C50、M44、Y68、K3"，如图 12-180、图 12-181、图 12-182 和图 12-183 所示。

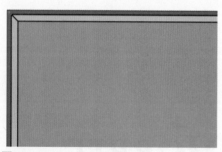

图12-180

图12-181

图12-182

图12-183

STEP08　继续绘制两个矩形并填充颜色，其色值为"C13、M21、Y76、K0"，如图12-184和图12-185所示。

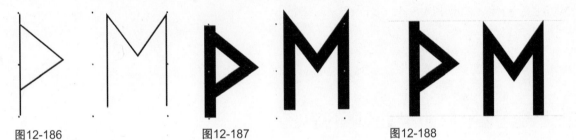

图12-184 　　　　　　　　　　　　　　　　　　　图12-185

STEP09　选择"贝济埃工具" ![icon]，利用手绘绘制出字母"P M"的效果，设置其属性为 ![toolbar] ，如图12-186、图12-187和图12-188所示。

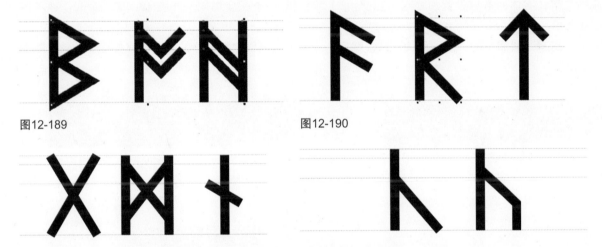

图12-186　　　　　　　图12-187　　　　　　　　　图12-188

STEP10　继续绘制其他字母，设置其属性为 ![toolbar] ，如图12-189、图12-190、图12-191和图12-192所示。

图12-189　　　　　　　　　　　　　　　图12-190

图12-191　　　　　　　　　　　　　　　图12-192

STEP11　将上一步绘制好的字母组合好放在合适的位置，复制组合好的字母放在下面，如图12-193和图12-194所示。

图12-193 　　　　　　　　　　　　　　　图12-194

STEP12　选中上面绘制好的文字，将该文字填充渐变颜色，其色值为"C7、M29、Y96、K0 – C4、M6、Y65、K0"，填充完毕后将其进行复制，如图12-195和图12-196所示。

图12-195

图12-196

STEP13　选中上述步骤复制的文字图形，改变其填充的颜色，色值为"C16、M94、Y86、K0"，填充后单击鼠标右键，选择【顺序】→【向后一层】命令，适当调整顺序，如图12-197所示。

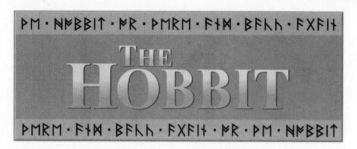

图12-197

STEP14　按照上述步骤所介绍的方法绘制另一个图形，再根据步骤（2）和步骤（9）所介绍的方法输入新的文字，字体的各种设置和处理与步骤（2）和步骤（9）完全相同，如图12-198、图12-199和图12-200所示。

STEP15　选择工具箱中的"矩形工具" ，绘制一个矩形，将以上绘制好的图案放在相应的位置，如图12-201所示。

图12-198

图12-199

图12-201

图12-200

STEP16　选择工具箱中的"贝济埃工具" ，绘制一条龙的雏形，选择"形状工具"调整节点，如图12-202和图12-203所示。

图12-202

图12-203

STEP17　将龙的身体填充颜色，其色值为"C2、M95、Y89、K0"，并放在图层后面，将该图形进行3次原位复制，直接执行快捷键【Ctlr+C】和【Ctrl+V】即可，如图12-204、图12-205和图12-206所示。

图12-204

图12-205

图12-206

STEP18　选中龙的身体部分的图形，打开"底纹填充"对话框，选择填充的图案为"灰色峡谷"，设置底纹数值为"228"，软度为"50"，东方亮度为"26"，北方亮度为"3"，其他设置为"0"，然后单击【确定】按钮，如图12-207和图12-208所示。

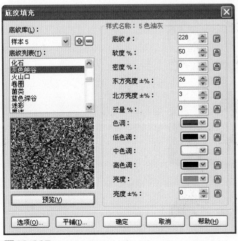

图12-207

图12-208

STEP19　继续填充底纹，选中复制的龙的图形，打开"底纹填充"对话框，选择底纹库的"样本5"，选择填充的图案为"墨渍2"，设置底纹数值为"10827"，圆斑数为"100"，最小宽度为"2"，最大宽度为"15"，最小高度为"0"，最大高度为"100"，然后单击【确定】按钮，如图12-209、图12-210和图12-211所示。

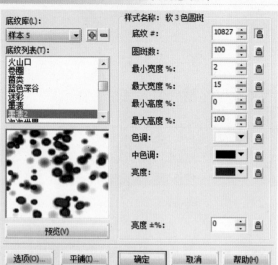

图12-209

图12-210

图12-211

STEP20 选中上述步骤中填充底纹后的图形，执行透明的设置，如图12-212 和图 12-213 所示。

图12-212

图12-213

STEP21 再选中复制的一个龙的身体图形，打开"底纹填充"对话框，选择底纹库的"样本 5"，选择填充的图案为"石膏墙"，设置底纹数值为"4261"，软度为"60"，密度为"20"，东方亮度为"60"，北方亮度为"60"，云量为"0"，然后单击【确定】按钮，如图 12-214 所示。然后调整不透明度为，如图 12-215 所示。

图12-214   图12-215

STEP22 再选中复制的最后一个龙的身体图形，打开"底纹填充"对话框，选择底纹库的"样本5"，选择填充的图案为"天气预报2"，设置底纹数值为"13676"，软度为"40"，密度为"0"，亮度为"0"，然后单击【确定】按钮，如图12-216和图12-217所示。然后调整不透明度为，如图12-218所示。

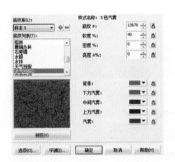

图12-216   图12-217   图12-218

STEP23 选择"交互式填充工具"填充背景颜色，颜色设置分别为"C2、M22、Y96、K0"、"C64、M57、Y69、K9"，如图12-219和图12-220所示。

图12-219   图12-220

STEP24 选择"贝济埃工具"绘制龙的牙齿，填充白色并复制，如图12-221和图12-222所示。将绘制的牙的图形选中，执行【顺序】→【放在图层后面】命令，如图12-223所示。

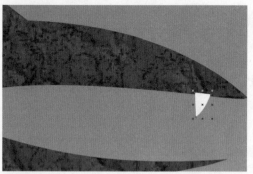

图12-221

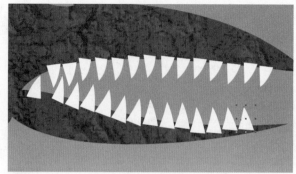

图12-222

图12-223

STEP25　选择"椭圆形工具"⬭绘制龙的眼睛，填充颜色"C2、M22、Y96、K0"并复制，如图12-224和图12-225所示。

图12-224

图12-225

STEP26　继续选择"椭圆形工具"⬭，按住【Ctrl】键绘制一个正圆，不进行颜色的填充，将轮廓线的宽度设置为 1.0 mm，将该图形进行复制和颜色的填充，颜色的设置分别为"C4、M2、Y15、K0"和"C2、M22、Y96、K0"，将两个圆形交错叠加放置在一起，如图12-226和图12-227所示。将两个圆形全部选中并进行群组，在背景中进行整体的复制，如图12-228所示。

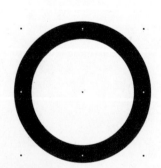

图12-226

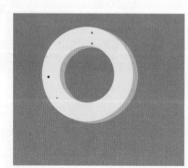

图12-227

图12-228

STEP27　继续选择"椭圆形工具"⬭绘制一个圆形，填充颜色"C4、M2、Y15、K0"，复制并填充颜色"C2、M22、Y96、K0"，将两个圆形交错叠加放置在一起再进行群组，将群组后的图形重复复制放置到背景中，如图 12-229 和图 12-230 所示。

图12-229

图12-230

STEP28　选择"贝济埃工具"✏绘制不规则图形，利用图形间的运算，得到一个新的图形，如图 12-231 和图 12-232 所示。

图12-231

图12-232

STEP29　继续选择一个圆形，利用图形间的运算，得到一个新的图形，如图 12-233 和图 12-234 所示。

图12-233

图12-234

STEP30　继续选择一个圆形，得到一个新的图形。将其填充颜色，色值分别为"C16、M16、Y72、K0"、"C23、M20、Y68、K0"，如图 12-235 和图 12-236 所示。

图12-235　　　　　　　　　　　　图12-236

STEP31　复制上面的图形，将其填充颜色，色值分别为"C11、M13、Y78、K0"、"C4、M4、Y66、K0"和"C4、M2、Y15、K0"，如图 12-237 所示。将其放在封面的适当位置，排列图层的顺序，如图 12-238 和图 12-239 所示。

图12-237　　　　　　　图12-238　　　　　　　图12-239

STEP32　选择"交互式透明工具" ，将以前制作好的图形执行透明度的设置，如图 12-240 和图 12-241 所示。

图12-240　　　　　　　　　　　　　　　图12-241

STEP33　将以上所绘制的所有图形同时选中并群组，执行【位图】→【转换为位图】命令，选择【效果】→【添加透视】菜单命令，将其进行调整，如图 12-242 和图 12-243 所示。

图12-242　　　　　　　　　　图12-243

STEP34 继续绘制一个不规则图形，将上述步骤的封面图形进行复制，如图 12-244 和图 12-245 所示。

图12-244

图12-245

STEP35 选中复制的封面，选择【效果】→【图框精确剪裁】→【放置在容器中】命令，将黑色的箭头指向上述步骤中所绘制的不规则图形中，如图 12-246 所示。进入【效果】→【图框精确剪裁】→【编辑内容】中对封面图形进行调整，导入素材图片，见"光盘 / 素材 /ch12/12-006"，将其放在书脊位置再进行细节的调整，结束编辑后如图 12-247 和图 12-248 所示。

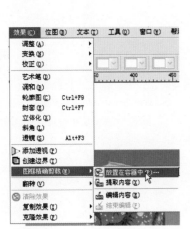

图12-246

图12-247

图12-248

STEP36 选择工具箱中的"矩形工具" ，绘制一个矩形，填充渐变颜色，其色值为"C84、M15、Y28、K0 – C0、M0、Y0、K0"，将其作为背景部分，如图 12-249 和图 12-250 所示。得到的最终效果如图 12-251 所示。

图12-249

图12-250

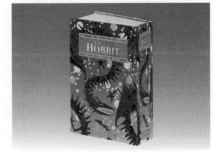

图12-251

風雲 II

FENG YUN

第13章

手提袋包装设计

13.1　基础技术汇讲

　　在环境保护受到极大重视的今天，手提袋成为现代人生活的必需品，手提袋是一种招贴广告的新表现形式，是一种能够引起大家注意的视觉语言，是流动的、实用的广告宣传品。手提袋是一件艺术品，要让人引起足够的注意，设计必须十分漂亮，要有强烈的视觉效果。

　　手提袋设计的目的：

　　手提袋设计的目的比较容易理解，在其应用范畴里是提携商品的作用，在更高一层的理解上，我们要追求其功能的合理性，同时还要传递商品的信息，在不同程度上还要展示一种企业形象和展示一种个性的文化气息。手提袋具有防护、储藏功能，是视觉流动传达产品形象的媒介之一。

　　手提袋设计的要求：

　　对于手提袋的设计要求应比较简单，承重能力强，提拿结实，但要考虑较低问题，力争将成本降于相对较低的水平，图案的设计上与其他平面类设计的要求相似，其中包括新颖、前卫的观念、单纯，体现自由，同时发挥传播、促销和展示的各项功能。

手提袋设计一般要求简洁大方，作为设计构成的基础，形式心理的把握是十分重要的，从视觉心理来说，人们厌弃单调如一的形式，追求多样变化，手提袋设计印刷要体现公司与众不同的特点。

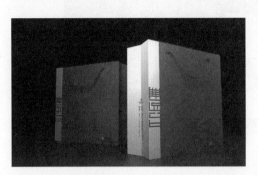

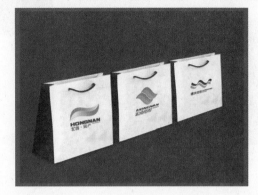

手提袋常用尺寸如下表所示（单位：mm）：

高130+宽90+墙宽30	高150+宽100+墙宽30	高150+宽110+墙宽30
高190+宽135+墙宽50	高200+宽145+墙宽50	高200+宽150+墙宽50
高300+宽200+墙宽60	高320+宽230+墙宽60～70	高320+宽240+墙宽60～70
高390+宽290+墙宽60～80	高440+宽320+墙宽60～80	高450+宽340+墙宽60～80
高600+宽420+墙宽80～100	高650+宽450+墙宽80～100	高700+宽480+墙宽80～100

常见的手提袋有以下两种形式：

1. 广告性手提袋

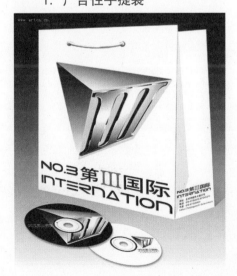

2. 纪念性手提

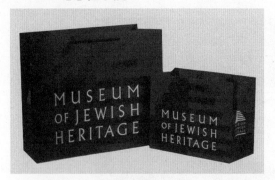 

手提袋有4个重要构图元素：图案、文字、符号、插图。在本章中多运用基本的造型工具，实现几种手提袋包装的绘制，并使用各种填充工具，以及添加不同的效果，如交互式阴影效果来制作图案的阴影。

常用工具的具体意义和功能如下表所示。

图　标	工 具 名 称	意义和功能
✑	贝济埃工具	利用该工具可以轻松绘制平滑线条
◯	椭圆形工具	利用该工具可以绘制相关的圆形图案
✑	交互式透明工具	利用该工具可以调整图案的透明度
▣	交互式阴影工具	利用该工具可以为图案添加阴影效果

13.2 精彩实例荟萃

实例01 情侣风格手提袋包装设计

【技术分析】

手提袋设计一般要求简洁大方，设计不应过于复杂，对于作为手提袋设计印刷策略的前提，为了使其应用更加方便，一般采用250g以上的铜版或者胶版纸来印刷。

手提袋包装不但为人们提供方便，也可以借机再次推销产品或品牌。设计精美的手提袋会令人爱不释手，即使提袋上印有醒目的商标或广告，顾客也会乐于重复使用，这种手提袋已成为目前最有效率而又物美价廉的广告媒体之一。

情侣风格的手提袋设计图形设计不拘一格，在现代包装设计中，往往不采用写实的手法，而运用点、线、面的自由构成形式，在很多时尚性商品包装设计中应用非常广泛。

本节介绍一种情侣风格手提袋包装的制作，手提袋设计中会运用到卡通插图，能直观准确地传达视觉形象来引起大家的注意。其中利用基本的造型工具"贝济埃"工具✑、"椭圆形工具"◯及"文字工具"✍完成一个包装的绘制，并添加各种不同的效果。得到的最终效果如图13-1所示。

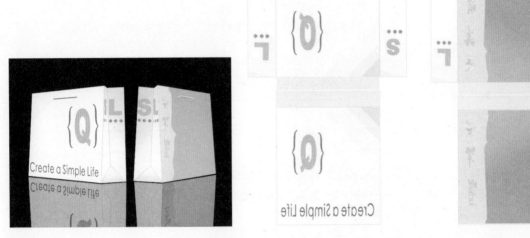

图13-1

　　本例的制作流程分三部分。第1部分应用"贝济埃工具" 、"椭圆形工具" 及"文字工具" 绘制一个包装，如图13-2所示；第2部分应用"贝济埃工具" 和"椭圆形工具" 绘制另一个包装，如图13-3所示；第3部分两个包装组合并制作立体效果，得到本案例的最终效果，如图13-4所示。

图13-2　　　　　　　　　　　　　　图13-3　　　　　　　　　　　　　　图13-4

　　【制作步骤】

STEP01　选择【文件】→【新建】菜单命令或者按【Ctrl+N】组合键新建一个 A4 大小的文件。

STEP02　选择工具箱中的"贝济埃工具" ，在页面中间绘制一个封闭的不规则图形，单击鼠标右键，选择【复制】命令或者按【Ctrl+C】、【Ctrl+V】组合键复制该图形，如图 13-5 和图 13-6 所示。

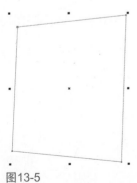
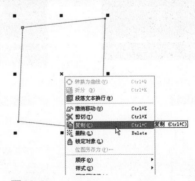

图13-5　　　　　　　　　　　　　　图13-6

STEP03　选中上述步骤中复制的图形，再选择工具箱中的"形状工具" ，选中右边边缘的两个节点进行调整，单击鼠标右键，选择【复制】命令或者按【Ctrl+C】组合键复制该图形，如图 13-7、图 13-8 和图 13-9 所示。

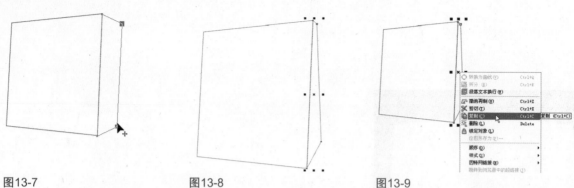

CorelDRAW X3中文版包装创意设计

图13-7　　　　　　图13-8　　　　　　图13-9

STEP04　选中上述步骤中复制的图形，再选择工具箱中的"形状工具"，选中左边边缘的两个节点进行调整，如图 13-10 所示。再选择工具箱中的"贝济埃工具"，绘制三角形状图形，如图 13-11 所示。

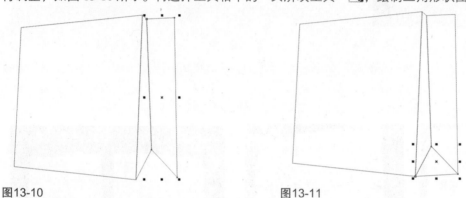

图13-10　　　　　　　　　图13-11

STEP05　绘制一个矩形，填充颜色，色值为"C100、M100、Y100、K100"，如图 13-12 所示。

STEP06　将步骤（2）至步骤（4）中所绘制的轮廓图分别填充渐变颜色，首先选中最右边的不规则图形，渐变颜色的数值为"C4、M5、Y6、K0 – C0、M0、Y0、K0"，轮廓线的颜色为"C0、M0、Y0、K10"，轮廓线宽度设置为"发丝"，如图 13-13、图 13-14 和图 13-15 所示。

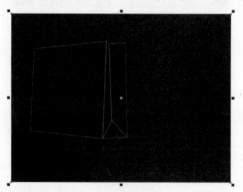

图13-12　　　　　　　　　　图13-13

图13-14　　　　　　　　　　图13-15

STEP07 继续填充渐变颜色，选中上述步骤中填充图形的左边的图形，组成渐变颜色的色值为"C3、M4、Y4、K0 – C0、M0、Y0、K0"，轮廓线的颜色为"C0、M0、Y0、K10"，轮廓线宽度设置为"发丝"，如图 13-16 和图 13-17 所示。

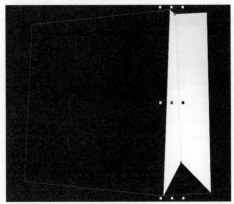

图13-16

图13-17

STEP08 继续填充渐变颜色，选中右边图形下方的的三角形图形，组成渐变颜色的色值为"C3、M4、Y4、K0 – C0、M0、Y0、K0"，轮廓线的颜色为"C0、M0、Y0、K10"，轮廓线宽度设置为"发丝"，如图 13-18 和图 13-19 所示。

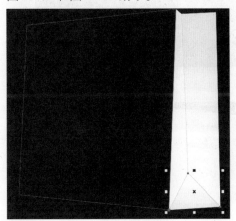

图13-18

图13-19

STEP09 选择左边的图形继续填充渐变颜色，色值为"C5、M5、Y5、K0 – C0、M0、Y0、K0"，轮廓线的颜色为"C0、M0、Y0、K10"，轮廓线宽度设置为"发丝"，如图 13-20 和图 13-21 所示。

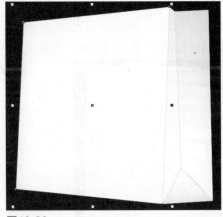

图13-20

图13-21

STEP10 选择工具箱中的"贝济埃工具" 绘制一条线段，设置轮廓线的颜色为"C0、M0、Y0、K50"，轮廓线宽度设置为"0.706mm"，将绘制的线条放置到袋子的提手部分，如图 13-22、图 13-23 和图 13-24 所示。

STEP11　选择"文字工具"输入文字，字体设置为，大小设置为"32pt"，选中所输入的文字，单击鼠标左键转换为旋转模式，旋转角度后放在合适的位置，如图 13-25、图 13-26、图 13-27 所示。

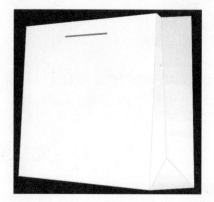

图13-22

图13-23

图13-24

图13-25

图13-26

图13-27

STEP12　继续输入文字"Q"，字体设置为，大小调整为"120pt"填充颜色色值为"C0、M20、Y100、K0"，如图 13-28 和图 13-29 所示。

图13-28

图13-29

STEP13　继续输入符号将其转换为曲线，填充颜色，色值为"C0、M0、Y0、K50"，复制后执行镜像效果，如图 13-30、图 13-31 和图 13-32 所示。

图13-30

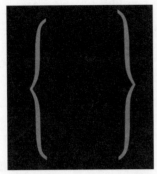

图13-31

图13-32

STEP14　继续输入文字"L"、"S"，字体设置为 ⟨Arial Black⟩，大小调整为"55pt"，填充颜色，色值为"C0、M20、Y100、K0"，如图 13-33 和图 13-34 所示。分别选中两个文字，单击鼠标右键执行【转化为曲线】命令，转换为曲线之后将字母"S"进行宽度的缩小，如图 13-35 和图 13-36 所示。

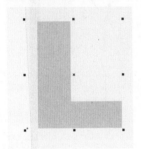

图13-33

图13-34

图13-35

图13-36

STEP15　选择"椭圆形工具" ⊙，绘制一个圆形，填充颜色的色值为"C0、M0、Y0、K30"，并将其复制，如图 13-37、图 13-38 和图 13-39 所示。

图13-37

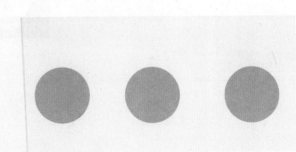

图13-38

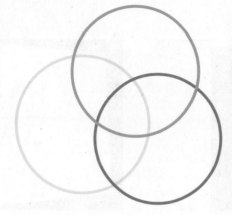

图13-39

STEP16　将上一步的圆形变形，放在相应的位置，如图 13-40 和图 13-41 所示。

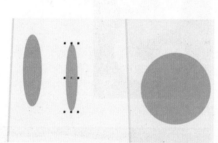

图13-40　　　　　　　　　　　　　　　　　　　图13-41

STEP17　继续绘制不规则图形，填充颜色的色值为"C4、M30、Y91、K0"，并将其复制，调整节点，填充渐变颜色的色值为"C4、M5、Y5、K0 – C0、M0、Y0、K0"，如图 13-42、图 13-43 和图 13-44 所示。

图13-42　　　　　　　　图13-43　　　　　　　　　　　　　图13-44

STEP18　继续绘制不规则图形，填充渐变颜色，色值为"C6、M8、Y7、K0 – C0、M0、Y0、K0"，如图 13-45 和图 13-46 所示。继续绘制不规则图形，填充渐变颜色，色值为"C4、M4、Y5、K0 – C0、M0、Y0、K0"，如图 13-47 和图 13-48 所示。

图13-45

图13-46

图13-47

图13-48

STEP19 继续绘制不规则图形，填充颜色的色值为 "C4、M5、Y8、K0"，如图 13-49 所示。

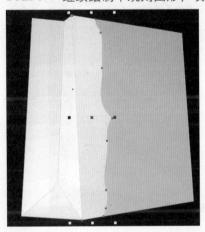

图13-49

STEP20 选择"贝济埃工具" 绘制卡通图案，填充颜色的色值为 "C2、M11、Y70、K0"和"C58、M97、Y95、K17"，如图 13-50 和图 13-51 所示。

图13-50

图13-51

STEP21　选择"贝济埃工具"  绘制卡通图案，填充颜色，色值为"C58、M97、Y95、K17"、"C0、M0、Y40、K0"和"C1、M16、Y88、K0"，如图13-52、图13-53、图13-54和图13-55所示。

图13-52　　　　　　　　　　　　　　　图13-53

图13-54　　　　　　　　　　　　　　　图13-55

STEP22　选择"贝济埃工具" ，利用手绘绘制文字"coffee"的效果，填充颜色"C0、M0、Y100、K0"，将这些卡通图案放在袋子合适的位置，如图13-56和图13-57所示。

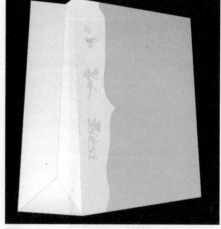

图13-56　　　　　　　　　　　　　　　图13-57

STEP23　选择"贝济埃工具"  绘制曲线，填充颜色"C0、M0、Y0、K0"，如图13-58和图13-59所示。

图13-58　　　　　　　　　　　　　　　图13-59

STEP24　选择"交互式阴影工具" ▣ ，调整属性为 [■ 70 ✦ ✦ 15 ✦] ，将上一步的图案添加阴影效果，如图13-60和图13-61所示。

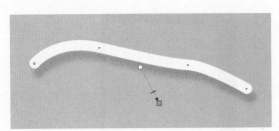

图13-60

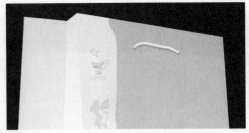

图13-61

STEP25　复制将前一个袋子的字母并进行变形处理，如图13-62、图13-63和图13-64所示。

STEP26　将前一个袋子的圆形复制并适当变形，然后将两个袋子组合，如图13-65、图13-66和图13-67所示。

图13-62

图13-63

图13-64

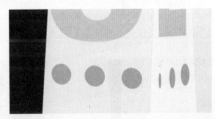

图13-65

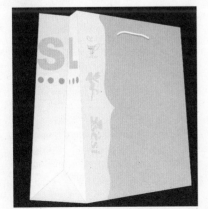

图13-66

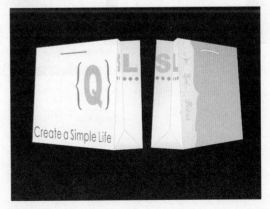

图13-67

STEP27　单击鼠标右键，选择【群组】菜单命令或者按【Ctrl+G】组合键将其群组，复制并执行镜像效果，如图 13-68 和图 13-69 所示。

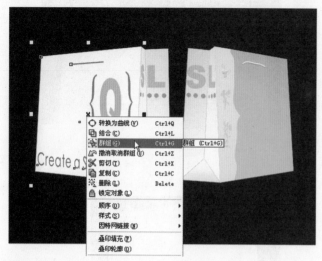

图13-68

图13-69

STEP28　按着上述方法制作其余部分的倒影，如图 13-70、图 13-71 和图 13-72 所示。

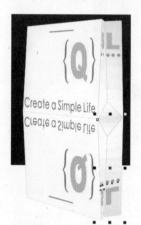

图13-70

图13-71

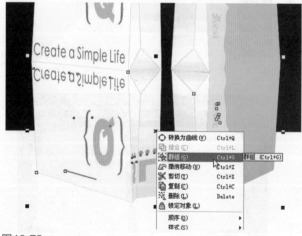

图13-72

STEP29　绘制一个矩形，将所绘制的矩形和倒影部分的图形同时选中，执行上方属性栏的"简化"命令，删除多余部分，如图 13-73、图 13-74 和图 13-75 所示。

STEP30　选择"交互式透明工具"，适当调整倒影的透明度，得到本案例的最终效果，如图 13-76 所示。

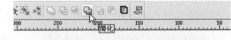

图13-73

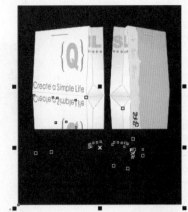

图13-74

图13-75

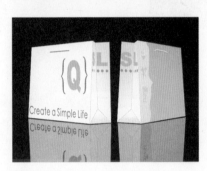

图13-76

实例02　商务风格手提袋包装设计（1）

【技术分析】

　　手提袋设计的目的在于手提商品行为上追求其功能的合理性，同时传递商品的信息、展示一种企业形象或展示一种个性的文化气息。对于商务风格手提袋的设计要求应简单，提拿结实，图案的设计上应追求新颖、单纯，体现自由、前卫的观念，同时发挥促销、传播、展示的各项功能。

　　本节介绍一种商务风格手提袋包装的制作，其中利用基本的造型工具"贝济埃"工具、"椭圆形工具"及"文字工具"完成一个包装的绘制，并添加各种不同的效果。得到的最终效果如图13-77所示。

图13-77

本例的制作流程分两部分。第1部分应用"贝济埃工具" ，绘制包装的基本轮廓，并将各个部分填充颜色，如图13-78所示；第2部分应用"文字工具" 添加局部图案及添加立体效果，得到一个手提袋的包装，如图13-79所示。

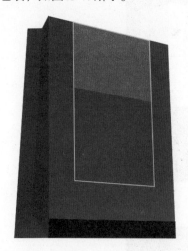

图13-78

图13-79

【制作步骤】

STEP01　选择【文件】→【新建】菜单命令或者按【Ctrl+N】组合键，新建一个 A4 大小的文件。

STEP02　选择工具箱中的"贝济埃工具" ，在页面中间绘制一个封闭的不规则图形，单击鼠标右键，选择【复制】命令或者按【Ctrl+C】组合键复制并调整节点，得到一个手提袋的雏形，如图 13-80 和图 13-81 所示。

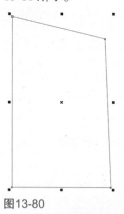

图13-80

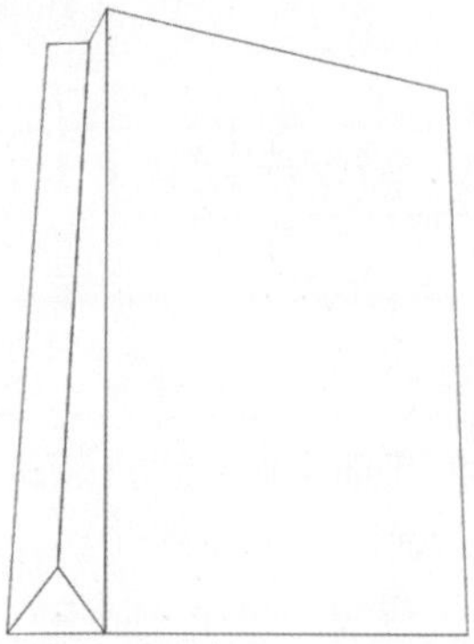

图13-81

STEP03　为该手提袋的各个面填充渐变颜色，首先选中右边的图形，组成渐变颜色的色值为"C97、M78、Y18、K1 – C98、M58、Y1、K0"，如图 13-82 和图 13-83 所示。

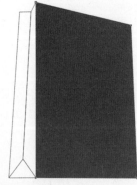

图13-82

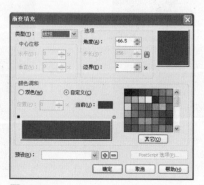

图13-83

STEP04　继续为该手提袋的各个面填充颜色，选中上述填充图形左边的图形，组成渐变颜色的色值为"C98、M90、Y47、K18 – C98、M86、Y27、K3"，如图13-84和图13-85所示。

图13-84　　　　　　　　　　　　　　　　　　　　　图13-85

STEP05　继续为该手提袋的各个面填充颜色，选择三角型图形，填充颜色的色值为"C97、M77、Y17、K1"，如图13-86所示。继续填充渐变颜色，选中最左边的图形，填充渐变颜色，组成渐变颜色的色值为"C98、M80、Y16、K1 – C98、M86、Y27、K3"，如图13-87和图13-88所示。

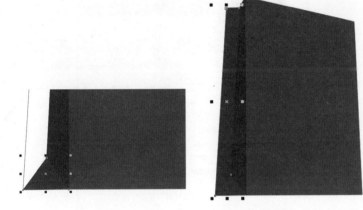

图13-86　　　　　　　　　　　　图13-87　　　　　　　　　　　图13-88

STEP06　选择"矩形工具" 绘制一个矩形，填充黑色，再选择"贝济埃工具" ，根据上述步骤中所绘制的袋子的透视效果的角度绘制一个不规则图形并填充颜色，色值为"C23、M100、Y98、K0"，如图13-89和图13-90所示。

图13-89　　　　　　　　　　　　　　　图13-90

STEP07　选择"贝济埃工具"，继续绘制不规则图形并填充轮廓颜色，其色值为"C1、M29、Y87、K0"，轮廓线的宽度为"0.7mm"，如图13-91和图13-92所示。

STEP08　选择"椭圆工具"绘制两个椭圆形，填充黑色，其色值为"C0、M0、Y0、K100"，如图13-93所示。

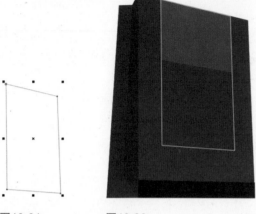

图13-91　　　　图13-92

图13-93

STEP09　选择"贝济埃工具"，继续绘制曲线，填充白色，宽度设置为"1.5mm"，如图13-94和图13-95所示。

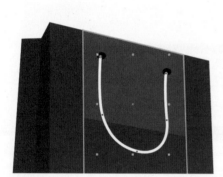

图13-94

图13-95

STEP10　选择"矩形工具"绘制一个矩形，填充渐变颜色，其色值为"C23、M100、Y98、K0－白色"，如图13-96和图13-97所示。

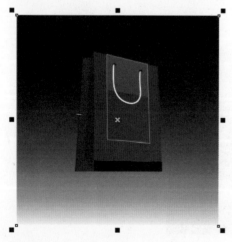

图13-96

图13-97

STEP11 选择"钢笔工具" 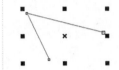 绘制线段，并填充颜色，其色值为"C1、M29、Y87、K0"，设置其宽度为 ⬚ 0.353 mm ⌄ ，如图 13-98 所示。

STEP12 选择"文字工具" 🅣 输入文字，字体和大小分别设置为 T EdiangOne ⌄ 36.587 pt ⌄ 选中该文字单击鼠标左键改为旋转模式，旋转文字角度使其符合透视效果，填充颜色，其色值为"C1、M29、Y87、K0"，如图 13-99 和图 13-100 所示。

☞ 知识链接

使用钢笔工具 🖊 创建闭合形状——在包含两条线段的线条中，单击结束节点再单击起始节点即可。

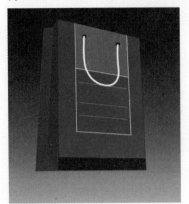

图13-98

图13-99

图13-100

STEP13 选择"贝济埃工具" 〈✏〉，继续绘制不规则图形并填充颜色，其色值为"C49、M2、Y95、K0"，绘制相似图形并填充不同的颜色，颜色可自定义选择，如图 13-101、图 13-102 和图 13-103 所示。

图13-101

图13-102

图13-103

STEP14 选择"文字工具" 🅣，在需要输入文字的部分按住鼠标左键建立段落文本输入框，输入段落文字并旋转角度后将其填充颜色，其色值为"C1、M29、Y87、K0"，如图 13-104 和图 13-105 所示。

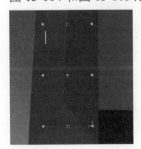

图13-104

图13-105

STEP15 将上述步骤所得到的文字进行原位复制，选中袋子组成侧面的右边的不规则图形并复制，分别选中复制的图形和文字，选择复制上一步得到的文字，执行"前减后"命令，再单击鼠标左键进行斜切的调整，如图 13-106、图 13-107 所示。使用该方法将右边的文字部分也绘制出立体透视效果，如图 13-108 所示。

STEP16 选择"文字工具" 🅣，更改属性为"将文本更改为垂直方向" ⬚⬚ 继续输入文字，文字的字体和大小分别为 T Rectangle 2bit ⌄ 3.293 pt ⌄ ，如图 13-109 和图 13-110 所示。

Ⅱ

☞ 知识链接

垂直方向输入文本——在
选择"文字工具"后,在
界面上方的属性栏里选择
"将文本更改为垂直方
向"即可。

图13-106

图13-107

图13-108

图13-109

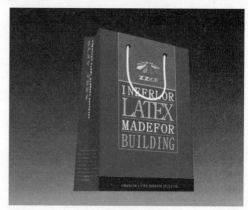

图13-110

STEP17 将整个手提袋复制并执行镜像效果，如图 13-111 所示。

STEP18 选择"交互式透明工具"，将上一步的倒影进行透视处理，将整个手提袋复制并执行镜像效果，如图 13-112、图 13-113 和图 13-114 所示。

图13-111

图13-112

图13-113

图13-114

实例03　商务风格手提袋包装设计（2）

【技术分析】

上一个案例我们提到了一些关于商务风格手提袋的制作注意事项。本例中对商务风格的手提袋包装的要求主要表现在两个方面：（1）产品本身具有相对档次和高品质，所以相对要求较高，卓显企业的商务风格。（2）就手提袋本身对其形象的宣传应赋予手袋鲜明的商品个性或企业文化品质的追求。

本节主要利用基本的造型工具"贝济埃"工具、"椭圆形工具"及"文字工具"完成一个包装的绘制，并添加各种不同的效果。得到的最终效果如图13-115所示。

图13-115

本例的制作流程分两部分。第1部分应用"贝济埃工具"和"椭圆形工具"绘制包装的基本轮廓，如图13-116所示；第2部分应用"文字工具"添加局部图案及文字得到一个包装的效果，如图13-117所示。

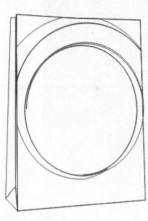

图13-116

图13-117

【制作步骤】

STEP01   选择【文件】→【新建】菜单命令或者按【Ctrl+N】组合键，新建一个 A4 大小的文件。

STEP02   选择工具箱中的"贝济埃工具" ，在页面中间绘制一个封闭的不规则图形，单击鼠标右键，选择【复制】命令或者按【Ctrl+C】组合键复制该图形，如图 13-118 和图 13-119 所示。

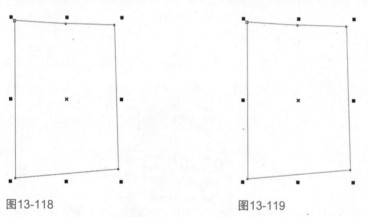

图13-118   图13-119

STEP03   选择"贝济埃工具" ，根据上述步骤所绘制的图形大小继续绘制不规则图形，如图 13-120、图 13-121 和图 13-122 所示。

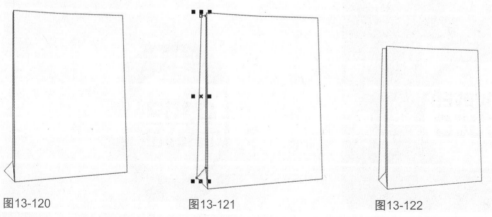

图13-120   图13-121   图13-122

STEP04   选择工具箱中的"椭圆形工具" ，在上述图形基础上绘制两个椭圆形，如图 13-123 和图 13-124 所示。

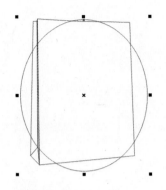

图13-123

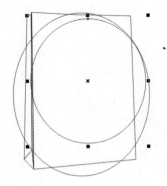

图13-124

STEP05　选中上一步绘制的两个椭圆形，选择"后减前"，得到一个不规则圆环的图形，如图 13-125 所示。

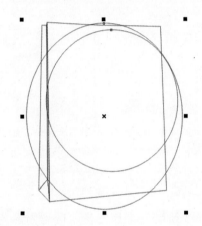

图13-125

STEP06　分别复制步骤（2）和步骤（5）得到的图形，将复制得到的两个图形同时选中并执行"相交"命令，如图 13-126 和图 13-127 所示。

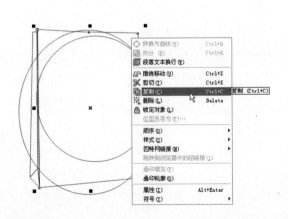

图13-126

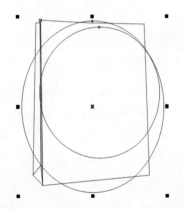

图13-127

STEP07　通过上述步骤的"相交"处理得到一个图形，选中该图形单击鼠标右键，选择【拆分曲线】命令，将多余部分直接删除，得到的图形如图 13-128 和图 13-129 所示。

知识链接

单个图形与图形组间的运算——当通过两个直接绘制的图形之间进行运算不能得到所要绘制的图形时，可以利用单个图形与成组的多个简单图形或多个图形与多个图形间的运算来得到所需绘制的图形，比较直接用手绘工具直接绘制复杂图形，利用图形的运算会更为简便。

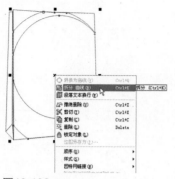

图13-128

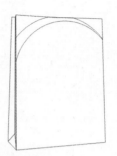

图13-129

STEP08　再选择工具箱中的"椭圆形工具" ，绘制两个椭圆，将所绘制的两个椭圆同时选中，执行"后减前"命令，得到一个不规则圆环的图形，再复制步骤（2）中得到的图形，将复制的图形和所绘制的不规则圆环同时选中并执行"相交"命令，处理后再选择【拆分曲线】命令，将多余部分直接删除，得到图形如图 13-130、图 13-131 和图 13-132 所示。

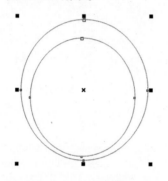

图13-130

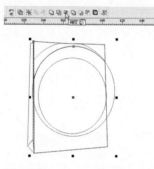

图13-131

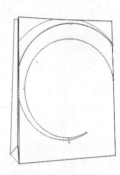

图13-132

STEP09　选择"形状工具" ，调整节点，继续绘制一个椭圆形，得到图形如图13-133、图 13-134 所示。

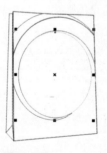

图13-133

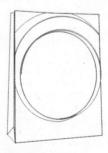

图13-134

STEP10　将步骤（8）中得到的图形进行复制，选择"形状工具" ，调整节点，得到的图形如图 13-135 和图 13-136 所示。

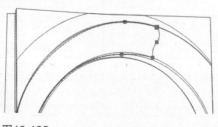

图13-135

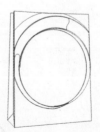

图13-136

STEP11 选中步骤（7）中所得到的图形，将其填充渐变颜色，色值为"C23、M18、Y16、K0 - C83、M72、Y72、K82"，如图 13-137 和图 13-138 所示。

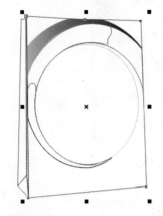

图13-137

图13-138

STEP12 在选择步骤（10）中得到的不规则图形并填充渐变颜色，色值为"C71、M59、Y57、K13 - C83、M72、Y72、K82"，如图 13-139 和图 13-140 所示。

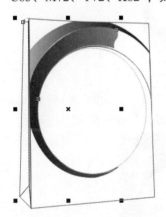

图13-139

图13-140

STEP13 选择工具箱中的"椭圆形工具" ，绘制两个新椭圆，将所绘制的两个椭圆同时选中，执行"后减前"命令，得到一个不规则圆环的图形，再复制步骤（2）中得到的图形，将复制的图形和所绘制的不规则圆环同时选中并执行"相交"命令，处理后再选择【拆分曲线】命令，将多余部分直接删除，如图 13-141 和图 13-142 所示。

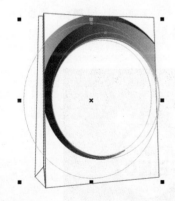

图13-141

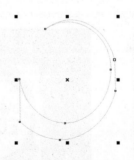

图13-142

STEP14 将上述步骤中所得到的图形填充渐变颜色，色值为"C71、M59、Y57、K13 - C83、M72、Y72、K82"，如图 13-143 和图 13-144 所示。

图13-143

图13-144

STEP15　将上述步骤中未填充颜色的图形分别填充渐变颜色，色值为"C71、M59、Y57、K13 – C83、M72、Y72、K82"，可适当调整渐变颜色的角度，如图 13-145 所示。选择工具箱中的"椭圆形工具" 绘制一个椭圆形并将其填充颜色，色值为"C9、M7、Y4、K0"，如图 13-146 所示。

图13-145

图13-146

STEP16　选中步骤（2）中所绘制的基本图形并填充颜色，色值为"C0、M5、Y4、K0"，如图 13-147 所示。

STEP17　选中袋子侧面的每个图形分别填充颜色,色值为"C6、M5、Y5、K0",如图 13-148 和图 13-149 所示。

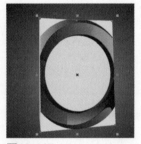

图13-147

图13-148

图13-149

STEP18　选择"贝济埃工具" 绘制两条曲线，填充颜色的色值为"C1、M59、Y97、K2"，设置线条的属性为 ，效果如图 13-150 所示。

STEP19　选择"交互式阴影工具" ，设置属性为 ，为此包装添加阴影部分，如图 13-151 所示。

STEP20　得到本案例的最终效果，如图 13-152 所示。

图13-150

图13-151

图13-152